宋人花谱九种

Song Ren Hua Pu Jiu Zhong

图文中华美学

【宋】欧阳修 等 ◎ 著

侯素平 ◎ 译注

人民东方出版传媒
People's Oriental Publishing & Media

东方出版社
The Oriental Press

图书在版编目（CIP）数据

宋人花谱九种 /（宋）欧阳修等 著；侯素平 译注 . —北京：东方出版社，2023.12
ISBN 978-7-5207-3189-8

Ⅰ . ①宋… Ⅱ . ①欧… ②侯… Ⅲ . ①花卉－观赏园艺－中国－宋代 Ⅳ . ① S68

中国国家版本馆 CIP 数据核字（2023）第 202780 号

宋人花谱九种
（SONGREN HUAPU JIUZHONG）

作　　者：（宋）欧阳修等
译　　注：侯素平
责任编辑：王夕月　柳明慧
出　　版：东方出版社
发　　行：人民东方出版传媒有限公司
地　　址：北京市东城区朝阳门内大街 166 号
邮　　编：100010
印　　刷：天津旭丰源印刷有限公司
版　　次：2023 年 12 月第 1 版
印　　次：2023 年 12 月第 1 次印刷
开　　本：650 毫米 × 920 毫米　1/16
印　　张：18
字　　数：200 千字
书　　号：ISBN 978-7-5207-3189-8
定　　价：88.00 元
发行电话：（010）85924663　85924644　85924641

总序

中国文化是一个大故事，是中国历史上的大故事，是人类文化史上的大故事。

谁要是从宏观上讲这个大故事，他会讲解中国文化的源远流长，讲解它的古老性和长度；他会讲解中国文化的不断再生性和高度创造性，讲解它的高度和深度；他更会讲解中国文化的多元性和包容性，讲解它的宽度和丰富性。

讲解中国文化大故事的方式，多种多样，有中国文化通史，也有分门别类的中国文化史。这一类的书很多，想必大家都看到过。

现在呈现给读者的这一大套书，叫作"图文中国文化系列丛书"。这套书的最大特点，是有文有图，图文并茂；既精心用优美的文字讲中国文化，又慧眼用精美图像、图画直观中国文化。两者相得益彰，相映生辉。静心阅览这套书，既是读书，又是欣赏绘画。欣赏来自海内外二百余家图书馆、博物馆和艺术馆的图像和图画。

　　"图文中国文化系列丛书"广泛涵盖了历史上中国文化的各个方面，共有十六个系列：图文古人生活、图文中华美学、图文古人游记、图文中华史学、图文古代名人、图文诸子百家、图文中国哲学、图文传统智慧、图文国学启蒙、图文古代兵书、图文中华医道、图文中华养生、图文古典小说、图文古典诗赋、图文笔记小品、图文评书传奇，全景式地展示中国文化之意境，中国文化之真境，中国文化之善境，中国文化之美境。

　　这是一套中国文化的大书，又是一套人人可以轻松阅读的经典。

　　期待爱好中国文化的读者，能从这套"图文中国文化系列丛书"中获得丰富的知识、深层的智慧和审美的愉悦。

王中江

2023 年 7 月 10 日

前言

　　"花，是大自然的馈赠，长期以来深受人们的喜爱。"在中国古代，花不仅仅是一种自然界的存在，更是一种文化的载体。宋代是中国历史上的一座文明高峰，也是中国古代花卉文化的鼎盛时期。《宋人花谱九种》一书，记录了六种宋代著名的花卉，是古代花卉文化的重要组成部分。

　　本书共收录九本宋代花谱，分别介绍了在宋代备受推崇的花卉，它们分别是：牡丹、芍药、菊、梅、兰，并节选收录《海棠谱》于最后。在宋代，赏花风尚盛行，这些花被广泛种植，并在绘画、诗词等领域都得到了普遍运用和传承。本书以详细、全面、生动的方式介绍了花卉的历史、文化内涵、艺术表现，以及园林种植等内容，力求为读者呈现一幅鲜活、真实、充满魅力的宋代花卉文化图景。

　　本书不仅是一本介绍花卉的书，更是一本介绍中国文化的书。花卉在中国文化中有着深厚的内涵和重要的地位，它不仅代表着自然之美，更是一种精神的追求和文化的表现。花卉文化是中华文化的重要组成部分，它融入了中华民族的审美观、哲学思想、道德情操等内容，具有丰富的内涵和深远的影响。阅读本书，读者可以更加深入地了解中国古代文化，领略中华文明的博大精深。

　　该书的翻译工作，得益于本人多年来对花卉文化的热爱，以及对其深入的研究，当然也离不开前人在花卉文化领域的积淀。在此，我要向那些为花卉文化作出贡献的前人致以崇高的敬意和感激。

目 录

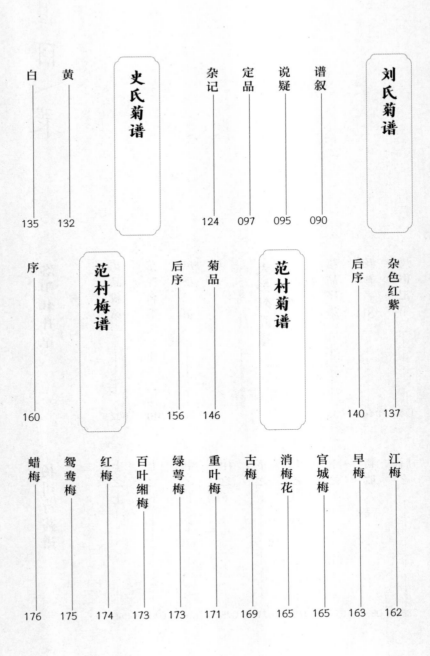

洛阳牡丹记

［北宋］欧阳修 撰

花品叙第一

牡丹出丹州、延州，东出青州，南亦出越州。而出洛阳者，今为天下第一。洛阳所谓丹州花、延州红、青州红者，皆彼土之尤杰者，然来洛阳，才得备众花之一种，列第不出三已下，不能独立与洛花敌。而越之花以远罕识不见齿，然虽越人亦不敢自誉以与洛阳争高下。是洛阳者，是天下之第一也。洛阳亦有黄芍药、绯桃、瑞莲、千叶李、红郁李之类，皆不减他出者，而洛阳人不甚惜，谓之果子花，曰某花某花，至牡丹则不名，直曰花。其意谓天下真花独牡丹，其名之著不假曰牡丹而可知也，其爱重之如此。

牡丹主要出产地为丹州、延州，东边的青州和南边的越州也产牡丹，而洛阳的牡丹有"天下第一"的美誉。洛阳所说的丹州花、延州红、青州红等，原是当地培植出的最佳品种，可是到了洛阳后，它们顶多只能算众多牡丹中的一种，按等级排序，也不会超出三等以下的范围，更无法与洛阳的牡丹相媲美。越州牡丹因产地远而鲜为人知，不为人所重视。即便是越州人也不敢自夸，更不会拿其与洛阳牡丹争高下。由此可见，洛阳牡丹是当之无愧的天下第一。洛阳还有黄芍药、绯桃、瑞莲、千叶李、红郁李等，这些品类不亚于其他地方出产的品种，但洛阳人对这些花卉并不是很珍视，只称其为果子花，叫什么花什么花。而到牡丹则不称名称，直接称其为花。他们认为牡丹才是天下真正的花，它的名气之大，甚至不需要靠"牡丹"这个名字就能知道，足见人们对它的热爱程度之深重。

《牡丹图》
（清）钱维城　收藏于中国台北故宫博物院

说者多言洛阳于三河间，古善地，昔周公以尺寸考日出没，测知寒暑风雨乖与顺于此，此盖天地之中，草木之华得中气之和者多，故独与他方异。予甚以为不然。夫洛阳于周所有之土四方入贡道里均，乃九州之中，在天地昆仑旁礴之间，未必中也；又况天地之和气，宜遍四方上下，不宜限其中以自私。

说的人大都认为洛阳地处三河之间，自古以来就是好地方。古时候，周公在这里用测量工具观察记录日出和日落，测定气温寒暑、风雨顺逆，因此这里是天地的中央，草木生长得到天地中正平和之气最多的地方，所以洛阳牡丹自然与其他地方不同。我很不认同这些说法。洛阳是周朝的土地，四面八方的诸侯都会来此朝贡，道路远近相差不太多，它是九州的中央，可是在广大无比的天地之间，并不一定是中心。再者说，天地间的中和之气应该普遍笼罩在四面八方，而不会被局限于此，有所偏私。

《牡丹图》
（清）钱维城　收藏于中国台北故宫博物院

夫中与和者，有常之气其推于物也，亦宜为有常之形。物之常者，不甚美亦不甚恶。及元气之病也，美恶隔并而不相和入，故物有极美与极恶者，皆得于气之偏也。花之钟其美，与夫瘿木拥肿之钟其恶，丑好虽异，而得一气之偏病则均。洛阳城圆数十里，而诸县之花莫及城中者，出其境则不可植焉，岂又偏气之美者独聚此数十里之地乎？此又天地之大，不可考也已。凡物不常有而为害乎人者，曰灾；不常有而徒可怪骇不为害者，曰妖。语曰：天反时为灾，地反物为妖。此亦草木之妖而万物之一怪也。然比夫瘿木拥肿者，窃独钟其美而见幸于人焉。

中和之物都具有普遍持续的特性，它们在与其他物相互作用时，也应该呈现出普遍持久的特征。事物的常态，不是极美的也不是极恶的。到了元气出了问题时，美和恶之间的正常转换被阻隔，就导致事物呈现极美与极恶的不同状态，这都缘于元气偏离常态。花集中表现美，瘿瘰木集中表现恶，在丑与好方面虽然很不相同，但都缘于元气偏离常态，这点却是一样的。洛阳城方圆数十里，而城中的花比周边县的花更加美丽，在城外甚至无法生长，难道美好的元气仅仅聚集在这数十里的地区吗？天地之大，这是无从考证的事情。凡是不常见且对人类造成危害的事物，称之为"灾"；而不会对人类造成危害而只能引起惊奇的事物，则称之为"妖"。俗语说："天反时为灾，地反物为妖。"这个道理同样适用于草木之中及其他万物的奇异现象。然而，相对于瘿瘰木，我私下只钟情于花的美丽，并且认为它在人们心目中非常受欢迎。

余在洛阳四见春。天圣九年三月始至洛，其至也晚，见其晚者。明年，会与友人梅圣俞游嵩山少室、缑氏岭、石唐山、紫云洞，既还，不及见。又明年，有悼亡之戚，不暇见。又明年，以留守推官岁满解去，只见其蚤者。是未尝见

《牡丹图》
（清）钱维城　收藏于中国台北故宫博物院

其极盛时。然目之所瞩，已不胜其丽焉。

余居府中时，尝谒钱思公于双桂楼下，见一小屏立坐后，细书字满其上。思公指之曰："欲作花品，此是牡丹名，凡九十余种。"余时不暇读之，然余所经见而今人多称者，才三十许种，不知思公何从而得之多也？计其余虽有名而不著，未必佳也。故今所录，但取其特著者而次第之：姚黄、魏花、细叶寿安、鞓红（亦曰青州红）、牛家黄、潜溪绯、左花、献来红、叶底紫、鹤翎红、添色红、倒晕檀心、朱砂红、九蕊真珠、延州红、多叶紫、粗叶寿安、丹州红、莲花萼、一百五、鹿胎花、甘草黄、一撷红、玉板白。

我曾在洛阳经历了四年春天。天圣九年三月，我抵达洛阳，因为到得比较晚，所以见到的是花开迟暮。第二年，我和朋友梅圣俞游览嵩山少室、缑氏岭、石唐山、紫云洞，等回来时已经错过了花景。又过了一年，我因为有亲戚去世而无暇顾及这些。第四年，我因离任推官只看到了早春时的一些花景。所以，我从未看过最美的盛景。但眼睛所看到的美景，已经让我目不暇接了。

我在府里住的时候，曾到双桂楼下拜访钱思公，看到一个立在椅子后面的小屏风上，满满地写着细笔的字。思公指着它说："我想写一本关于花卉的书，这是牡丹的名字，一共有九十多种。"我当时没有时间去看它，但是我所见到的且被世人所熟知的牡丹品种只有三十多种，不知道思公是如何得到那么多品种的。猜想其他品种也有名字，但未必众所周知，不一定为佳品。因此，我所记录的只是那些特别著名的品种，并按照次序排列：姚黄、魏花、细叶寿安、鞓红（也叫青州红）、牛家黄、潜溪绯、左花、献来红、叶底紫、鹤翎红、添色红、倒晕檀心、朱砂红、九蕊真珠、延州红、多叶紫、粗叶寿安、丹州红、莲花萼、一百五、鹿胎花、甘草黄、一撷红、玉板白。

街頭撲画賣蒼兒正是
陰晴穀雨时十指濃淡枝
不住紛飛墨汁當臙脂
葦间司邊壽民

《牡丹图》
（清）边寿民　收藏于四川省博物馆

▲ 盆景

选自《盆景花鸟图》外销绘本　（清）佚名　收藏于法国国家图书馆

花释名第二

牡丹之名，或以氏，或以州，或以地，或以色，或旌其所异者而志之。姚黄、牛黄、左花、魏花，以姓著；青州、丹州、延州红，以州著；细叶、粗叶寿安、潜溪绯，以地著；一撮红、鹤翎红、朱砂红、玉板白、多叶紫、甘草黄，以色著；献来红、添色红、九蕊真珠、鹿胎花、倒晕檀心、莲花萼、一百五、叶底紫，皆志其异者。

牡丹的名称，或以姓氏为名，或以州县为名，或以地区为名，或以颜色为名，或显示其作为标志的某种特色。以姓氏命名的有姚黄、牛黄、左花、魏花；以州县命名的有青州、丹州、延州红；以产地命名的有细叶、粗叶寿安、潜溪绯；以颜色命名的有一撮红、鹤翎红、朱砂红、玉板白、多叶紫、甘草黄；还有献来红、添色红、九蕊真珠、鹿胎花、倒晕檀心、莲花萼、一百五、叶底紫，都是标志其某种特色。

姚黄者，千叶黄花，出于民姚氏家。此花之出，于今未十年。姚氏居白司马坡，其地属河阳，然花不传河阳，传洛阳。洛阳亦不甚多，一岁不过数朵。牛黄亦千叶，出于民牛氏家，比姚黄差小。真宗祀汾阴，还过洛阳，留宴淑景亭，牛氏献此花，名遂著。甘草黄；单叶，色如甘草。洛人善别花，见其树知为某花云。独姚黄易识，其叶嚼之不腥。

姚黄，千叶黄花，出自民间姚氏家。这种花自出现至今，不到十年。

盆景

选自《盆景花鸟图》外销绘本 （清）佚名 收藏于法国国家图书馆

姚氏家住白司马坡，地属河阳，然而这花并未在河阳流传，而是在洛阳流传。洛阳流传的也不多，一年不过数朵而已。牛黄也是千叶花，出自民间牛氏家，但比姚黄稍小一些。真宗皇帝祭祀汾阴，回来经过洛阳时，在淑景亭留宴，牛氏献上了这种花，于是这种花的名声因此传扬开来。甘草黄是单叶的花，颜色像甘草一样。洛阳人善于区分各种花，见到它们的树干就能知道是哪种花。唯独姚黄最容易辨认，因为它的叶子嚼起来不会有腥味。

魏家花者，千叶肉红花，出于魏相仁溥家。始樵者于寿安山中见之，斫以卖魏氏。魏氏池馆甚大，传者云：此花初出时，人有欲阅者，人税十数钱，乃得登舟渡池至花所，魏氏日收十数缗。其后破亡，鬻其园，今普明寺后林池，乃其地，寺僧耕之以植桑麦。花传民家甚多，人有数其叶者，云至七百叶。钱思公尝曰：人谓牡丹花王，今姚黄真可为王，而魏花乃后也。

魏家花，千叶肉红花，出自宰相魏仁溥家。在寿安山里砍柴的樵夫首次发现了它，将其砍下来卖给了魏家。魏家的池塘和花园非常大，据说这种花刚刚出现的时候，若是有人想去看，每人要收费十数钱，才能乘船渡过池塘到达栽花的地方，魏家因此每天能有十几缗的收入。后来魏家败落，园子被卖掉了，现在普明寺后面的林池，就是它的所在，寺里的和尚们在花园里种植了桑树和麦子。这种花后来广泛传到了民间，有人数过它的叶子，说有七百片。钱思公曾说："人们说牡丹是花中之王，如今姚黄可以称得上是'王'了，而魏花则是'后'。"

鞓红者，单叶深红花，出青州，亦曰青州红。故张仆射齐贤有第四京贤相坊，自青州以骆驼驮其种，遂传洛中。其色类腰带鞓，故谓之鞓红。

盆景
选自《盆景花鸟图》外销绘本 （清）佚名 收藏于法国国家图书馆

鞓红，单叶深红花，产于青州，也称为青州红。仆射张齐贤的第四京贤相坊，从青州用骆驼驮着它的种子，所以它就传到了洛中。它的颜色和鞓带相似，所以被称为"鞓红"。

献来红者，大，多叶浅红花。张仆射罢相居洛阳，人有献此花者，因曰献来红。

献来红，花大，多叶浅红花。张仆射卸任丞相居住洛阳时，有人献此花给他，因而得名"献来红"。

添色红者，多叶花，始开而白，经日渐红，至其落乃类深红。此造化之尤巧者。

添色红，多叶花，初开时花呈白色，随着时间渐渐变红，到凋谢时会呈深红色。这是大自然的奇妙之处。

鹤翎红者，多叶花，其末白而本肉红，如鸿鹄羽色。

鹤翎红，多叶花，花的末梢呈白色，而基部呈红色，如同鹤翎的颜色。

细叶、粗叶寿安者，皆千叶肉红花，出寿安县锦屏山中。细叶者尤佳。

细叶、粗叶寿安，都是千叶肉红花，产自寿安县的锦屏山。其中细叶的品质特别好。

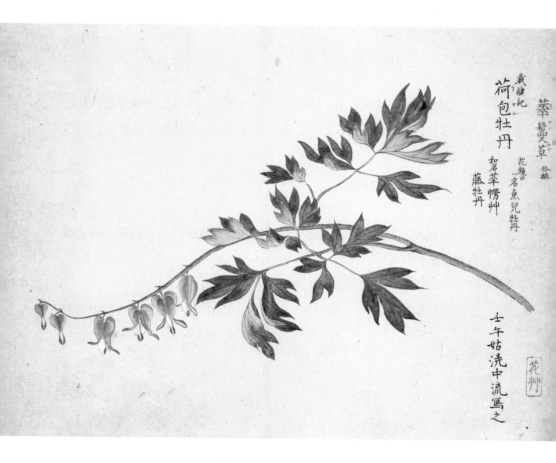

荷包牡丹
选自《梅园草木花谱》 ［日］毛利梅园
收藏于日本东京国立国会图书馆

倒晕檀心者，多叶红花。凡花近萼色深，至其末渐浅，此花自外深色，近萼反浅白，而深檀点其心，此尤可爱。

倒晕檀心，多叶红花，花近萼处颜色深，向末端处渐渐变浅，此花外沿深色，近萼处呈现浅白色，花心为深红色，尤其受人喜爱。

一撅红者，多叶浅红花，叶杪深红一点，如人以三指撅之。

一撅红，花是浅红色且多子叶，叶顶有一点深红色，犹如人用手指点撅上去的样子。

红牡丹
选自《梅园草木花谱》 ［日］毛利梅园 收藏于日本东京国立国会图书馆

牡丹
选自《梅园草木花谱》　[日]毛利梅园
收藏于日本东京国立国会图书馆

九蕊真珠者，千叶红花，叶上有一白点如珠，而叶密蘸其蕊为九丛。

九蕊真珠，千叶红花，叶子上有白色的珠点，并且叶片紧密地簇拥花蕊为九丛。

一百五者，多叶白花。洛花以谷雨为开候，而此花常至一百五日开，最先。

一百五，多叶白花。洛阳的花在谷雨后开放，但这种花常在冬至后一百零五天开放，而且最先开放。

丹州、延州花，皆千叶红花，不知其至洛之因。

丹州和延州开的花都是千叶红花，不知道它们为何会到洛阳来。

莲花萼者，多叶红花，青跌三重，如莲花萼。

莲花萼，多叶红花，青色花萼有三重，形似莲花萼。

左花者，千叶紫花，叶密而齐如截，亦谓之平头紫。

左花，千叶紫花，叶子密集而整齐，因此也叫它平头紫。

朱砂红者，多叶红花，不知其所出。有民门氏子者，善接花以为生，买地于崇德寺前治花圃，有此花。洛阳豪家尚未有，故其名未甚著。花叶甚鲜，向日视之如猩血。

朱砂红，多叶红花，不知道它的产地。有一个姓门的人擅长养花并以此为生，他在崇德寺前买下地来建了花圃，其中就有这种花。洛阳的富豪之家还没开始种植它，所以这种花的名气还不太大。这种花的花瓣很华美，对着太阳看呈猩红色。

《牡丹图》▶
（清）赵之谦　收藏于北京故宫博物院

叶底紫者，千叶紫花，其色如墨，亦谓之墨紫花。在丛中旁必生一大枝，引叶覆其上。其开也，比它花可延十日之久，噫，造物者亦惜之耶！此花之出，比它花最远。传云：唐末有中官为观军容使者，花出其家，亦谓之军容紫，岁久失其姓氏矣。

叶底紫，千叶紫花，叶子颜色像墨水一样，也叫墨紫花。在花丛旁边必定会生长一根大枝，再引叶子遮盖其上。它的花期比其他花要长十天。啊，造物主也会珍视它！这种花的出现比其他花更为久远。传说唐末有一名中官作为观军容使者，这种花出自他家，所以也被称为军容紫花。不过，因为时间太久，这位中官的姓名也没人知道了。

牡丹
选自《梅园草木花谱》　[日]毛利梅园
收藏于日本东京国立国会图书馆

玉板白者，单叶白花，叶细长如拍板，其色如玉而深檀心，洛阳人家亦少有。余尝从思公至福严院见之，问寺僧而得其名，其后未尝见也。

玉板白，单叶白花，叶子像单板一样细长，颜色像玉但带有深红色的芯，洛阳人家也很少有。我曾经跟从钱思公去福严院时看到过，问了寺里的僧人才知道了它的名字，之后就再没见过了。

牡丹
选自《缂丝花卉》册　收藏于北京故宫博物院

潜溪绯者，千叶绯花，出于潜溪寺。寺在龙门山后，本唐相李藩别墅，今寺中已无此花，而人家或有之。本是紫花，忽于丛中特出绯者，不过一二朵，明年移在他枝。洛人谓之转枝花，故其接头尤难得。

潜溪绯，千叶红花，产自潜溪寺。这座寺院位于龙门山后面，原是唐朝宰相李藩的别墅，现在寺院里已经看不到这种花了，但别人家里可能还有。它的花本是紫色，忽然会在花丛中特意地绽放出红色的花，不过只有一两朵，第二年又会在移到其他枝上。洛阳人因此称之为转枝花，因为这种花的接枝非常不易成功。

鹿胎花者，多叶紫花，有白点如鹿胎之纹。故苏相禹珪宅今有之。

鹿胎花，多叶紫花，有白色斑点，看上去像鹿胎上的花纹。五代时宰相苏禹珪的宅邸里现在还有它。

多叶紫，不知其所出。

多叶紫，它的起源不得而知。

初，姚黄未出时，牛黄为第一；牛黄未出时，魏花为第一；魏花未出时，左花为第一；左花之前，唯有苏家红、贺家红、林家红之类，皆单叶花，当时为第一。自多叶、千叶花出后，此花黜矣，今人不复种也。

《设色牡丹》
（明）樊圻 收藏于
安徽省博物馆

起初，姚黄尚未出现时，牛黄排第一；牛黄尚未出现时，魏花排第一；魏花尚未出现时，左花排第一；在左花之前，只有苏家红、贺家红、林家红等，都是单叶花，当时排第一。自从多叶、千叶花出现之后，这种花就废除了，现在人们也不再种植它了。

牡丹初不载文字，唯以药载《本草》，然于花中不为高第。大抵丹、延已西及褒斜道中尤多，与荆棘无异，土人皆取以为薪。自唐则天已后，洛阳牡丹始盛，然未闻有以名著者。如沈、宋、元、白之流，皆善咏花草，计有若今之异者，彼必形于篇咏，而寂无传焉；唯刘梦得有《咏鱼朝恩宅牡丹诗》，但云"一丛千万朵"而已，亦不云美且异也。谢灵运言永嘉竹间水际多牡丹，今越花不及洛阳甚远，是洛花自古未有若今之盛也。

牡丹最初未被载入到文学作品中，只有《神农本草经》中提到了它的药用价值，且在花卉中并不是高贵的品种。大致丹、延以西及褒斜道中特别多，与荆棘没大差别，当地居民常常将其当柴火使用。自唐武则天以后，洛阳的牡丹开始兴盛，但尚未闻名于世。像沈佺期、宋之问、元稹、白居易这样的诗人，都善于吟咏花草，如果有今天独具特色的牡丹，那么他们一定会在诗作中予以表现，可是他们并没有这类诗作流传；只有刘禹锡有一首《咏鱼朝恩宅牡丹诗》，但只是说"一丛千万朵"，没有赞美它的美丽和独特。谢灵运说，永嘉的竹林和水边有很多牡丹，但现在越州的牡丹远不如洛阳的牡丹，这也说明洛阳的牡丹自古以来就没有像今天这样繁盛过。

◀《松石牡丹图》
（清）李鱓　收藏于上海博物馆

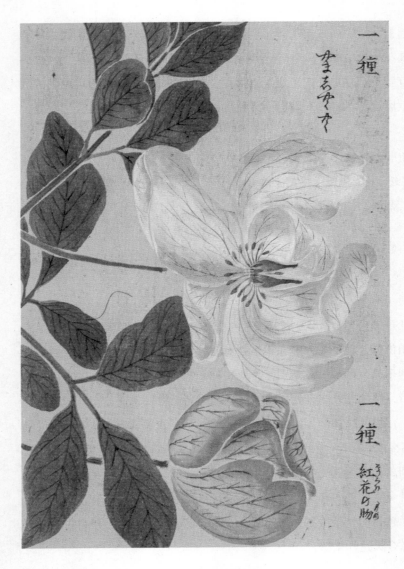

牡丹
选自《本草图谱》 [日]岩崎灌园
收藏于日本东京国立国会图书馆

缠枝牡丹
选自《本草图谱》 ［日］岩崎灌园
收藏于日本东京国立国会图书馆

风俗记第三

洛阳之俗，大抵好花。春时，城中无贵贱皆插花，虽负担者亦然。花开时，士庶竞为游遨，往往于古寺废宅有池台处为市井张幄帘，笙歌之声相闻。最盛于月陂堤、张家园、棠棣坊、长寿寺东街与郭令宅，至花落乃罢。

洛阳的风俗，大多喜欢花。春天，城中的百姓无论贵贱都会插花，即便是挑担子卖苦力的。花开时，士庶竞相游览，经常在古寺废宅的池台处设市井，搭起帷幕，笙歌之声远近相闻。最繁盛的地方是月坡堤、张家园、棠棣坊、长寿寺东街和郭令宅，一直到花谢才会落幕。

《花篮图》▶
（宋）李嵩　收藏于中国台北故宫博物院

五代南唐张翊著有《花经》，其将花目分为"九品九命"。
张翊好学多思，世本长安，因乱南来。尝戏造《花经》，以九品九命升降次第之时服其尤当。
一品九命：兰，牡丹，虫葛梅，酴醿，紫风流；
二品八命：琼，蕙，岩桂，茉莉，含笑；
三品七命：芍药，莲，檐葡，丁香，碧桃，垂丝海棠，千叶桃；
四品六命：菊，杏，辛夷，豆蔻，后庭，忘忧，樱桃，林禽，梅；
五品五命：杨，月红，梨，千叶李，桃，石榴；
六品四命：聚八仙，金沙，宝相，紫薇，凌霄，海棠；
七品三命：散花，真珠，粉团，郁李，蔷薇，米囊，木瓜，山茶，迎春，玫瑰，金灯，木笔，金凤，夜合，踯躅，金钱，锦带，石蝉；
八品二命：杜鹃，大清，滴露，刺桐，木兰，鸡冠，锦被堆；
九品一命：芙蓉，牵牛，木槿，葵花，胡葵，鼓子，石竹，金莲。

洛阳至东京六驿。旧不进花，自今徐州李相迪为留守时始进御。岁遣衙校一员，乘驿马，一日一夕至京师。所进不过姚黄、魏花三数朵。以菜叶实竹笼子藉覆之，使马上不动摇。以蜡封花蒂，乃数日不落。

从洛阳到东京要经过六个驿站。过去不曾进贡花，直到徐州的李迪宰相做留守时才开始进献。每年遣派一名衙校，骑驿马，一天一夜到达京城。进献的一般是数朵姚黄、魏花，花朵要用菜叶实竹笼子包裹，避免其在马上摇晃，再用蜡封住花蒂，这样几天内都不会凋落。

大抵洛人家家有花，而少大树者，盖其不接则不佳。春初时，洛人于寿安山中斫小栽子卖城中，谓之山篦子。人家治地为畦塍种之，至秋乃接。接花工尤著者一人，谓之门园子，豪家无不邀之。姚黄一接头直钱五千，秋时立契买之，至春花乃归其直。洛人甚惜此花，不欲传。有权贵求其接头者，或以汤中蘸杀与之。魏花初出时接头亦直钱五千，今尚直一千。

洛阳人家里大都有花，但大树较少，因为没有接枝就不好看。初春时，洛阳人在寿安山中砍下小树苗卖到城里，称之为"山篦子"。人家在田地里开畦种植，到秋天才能接枝。接花手艺特别突出的人，被称为"门园子"，有钱人家都会邀请他们。姚黄一个接头费用是五千钱，到秋天时签下契约购买，等到春天看到花才给他们钱。洛阳人非常珍惜这些花，不愿意让其外传。有权贵想买接头（了解其中秘密），有人则会用开水烫死它。魏花刚开始出现时，接枝费也高达五千钱，现在还值一千钱。

百合花　缠枝牡丹
选自《仙萼长春》册　（清）郎世宁　收藏于中国台北故宫博物院

接时须用社后重阳前，过此不堪矣。花之木去地五七寸许截之，乃接。以泥封裹，用软土拥之，以蒻叶作庵子罩之，不令见风日，唯南向留一小户以达气。至春乃去其覆。此接花之法也。

接枝必须在春社之后、重阳节之前进行，过了这个时间就不行了。从花的枝干中间截取约五到七寸进行接枝，用泥土封住花枝，再用软土覆盖，用香蒲叶制成圆形覆盖物罩在上面，不让风雨侵扰，只留下一个小口朝南，以便透气，到了春天才去掉覆盖物。这就是接花的方法。

种花必择善地，尽去旧土，以细土用白蔹末一斤和之。盖牡丹根甜，多引虫食，白蔹能杀虫。此种花之法也。

种植花卉必须选择好地，清除旧土，用细土混合白蔹末一斤和匀。因为牡丹根甜，容易招虫啃食，而白蔹能杀虫。这就是种植此花的方法。

浇花亦自有时，或用日未出，或日西时。九月旬日一浇，十月、十一月三日、二日一浇，正月隔日一浇，二月一日一浇。此浇花之法也。

浇花也有时间限制，浇水须在日出前或日落后。九月每十天浇一次，十月、十一月每三天或两天浇一次，正月隔一天浇一次，二月每天浇一次。这是浇花的方法。

一本发数朵者，择其小者去之，只留一二朵，谓之打剥，惧分其脉也。花才落，便剪其枝，勿令结子，惧其易老也。春初既去蒻庵，便以棘数枝置花丛上。棘气暖，可以辟霜，不损花芽，他大树亦然。此养花之法也。

当一株花中有数朵花苞时，需要挑选后摘掉小的花苞，只留下一到两朵，这叫"打剥"，是为了防其分枝。当花开放后，要及时修剪枝干，防止结子，以免花很快凋谢。春天刚刚过去，去掉香蒲叶的圆形覆盖物，将数枝棘放在花丛上。棘气暖，可以防霜，不会伤害花芽，其他大树也是一样。这就是养花的方法。

花开渐小于旧者，盖有蠹虫损之，必寻其穴，以硫黄簪之。其旁又有小穴如针孔，乃虫所藏处，花工谓之气孔，以大针点硫黄末针之，虫乃死。花复盛。此医花之法也。

当花开放时，若发现花朵逐渐变小，可能有蠹虫损害了它，这就需要找到虫洞，用硫黄堵住。虫子通常会藏在小孔中，被花匠称为"气窗"，可以用大针尖扎入硫黄末，虫子就会死亡，虫子死后，花朵便会重新开放。这就是治疗花卉的方法。

乌贼鱼骨用以针花树，入其肤，花辄死，此花之忌也。

用乌贼鱼骨做针刺花树，扎过之后花就会死亡，这是养花的大忌。

八重のひるがほ

和総描ヒ　畫譜

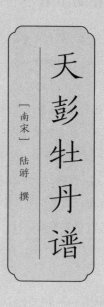

天彭牡丹谱

［南宋］ 陆游 撰

花品序第一

牡丹，在中州，洛阳为第一。在蜀，天彭为第一。天彭之花，皆不详其所自出。土人云，襄时，永宁院有僧种花最盛，俗谓之牡丹院，春时，赏花者多集于此。其后，花稍衰，人亦不复至。崇宁中，州民宋氏、张氏、蔡氏，宣和中，石子滩杨氏，皆尝买洛中新花以归。自是，洛花散于人间，花户始盛。皆以接花为业，大家好事者皆竭崐其力以养花。而天彭之花遂冠两川。今惟三井李氏、刘村毋氏、城中苏氏、城西李氏花特盛。又有余力治亭馆，以故最得名。至花户连畛相望，莫得其而姓氏也。天彭三邑皆有花，惟城西沙桥上下花尤超绝。由沙桥至棚口，崇宁之间亦多佳品。自城东抵蒙阳，则绝少矣。大抵花品种近百种，然著者不过四十，而红花最多，紫花黄花白花各不过数品，碧花一二而已。今自状元红至欧碧以类次第之，所未详者，姑列其名于后，以待好事者。

在中原地区，洛阳牡丹排第一。在蜀地，天彭牡丹最有名，但其产地不详。当地人说，很久以前永宁院里，有一位僧人种的牡丹花最好，因此被称为牡丹院。每年春天，人们都聚集在这里赏花。随着时间的推移，花儿逐渐凋落，人们也不再前来。崇宁年间，当地的宋氏、张氏、蔡氏，宣和年间，石子滩的杨氏，纷纷前往洛阳购买新的牡丹品种。自那时起，洛阳牡丹逐渐传播到全国各地，牡丹花市开始繁荣起来。许多人以养花为业，热心的人们都竭力培育花朵。因此，天彭的牡丹夺得了两川地区的桂冠。现在只有三井李氏、刘村毋氏、城中苏氏和城西李氏的花依然盛放。此外，他们还修建了亭馆，因此最有名气。在花户和田间张望，却不知他们的姓氏。天彭三邑都有花，但城西沙桥上下的花尤为突出。从沙桥到堋口，崇宁年间也有很多好品种，从城东到蒙阳却很少了。总的来说，花的品种有近百种，但是享有盛名的只有四十种，其中红花最多，紫花、黄花、白花各有几种，碧花只有一两种而已。现在，从状元红到欧碧按照类别排列，那些不知详情的品种，姑且先列出它们的名字，等待喜欢它的人进一步研究补充。

《玉兰牡丹图》

（清）李鱓　收藏于上海博物馆

丹砂經九轉　　芳藥占長春

花葉癸卯 丁未

施蓮 丁未

試問如何慶可延　請君來看錦池蓮

呈祥只在花心見　玉葉金枝億萬年

休論玉井藕如船　葉底巢龜和小年

自是生從無量佛　言言萬歲祝堯天

昔年曾聽祖師禪　染得靈根灑灑然

瑞相有時青碧色　信知移種自西天

闍提花 戊申

黃蜀葵 己酉

花神呈秀羣芳右　朱煒儲祥變葉新

隨佛下生來上苑　如丹九轉鎮千春

胡蜀葵 辛亥

秀裏黃中推正色　葉繁毗足譜清陰

鑾經宸取爲方妙　畫景惟傾向日心

蜀江濯錦一庭深　誰植芳根傍綠陰

有似在朝臣子志　精忠不改向陽心

玉李花 乙卯

闍提花號出金仙　偏向月階呈瑞彩

似雪飄香徧釋春　的知來自玉皇前

壬子

仙觀名花剪素瓊　仙娥曾御寶車輕

揭來月苑陪青桂　共折芳葩擣玉英

虹龍展翠舞宮槐　青翼凌雲羽翼

侍輦九嬪趨玉殿　坤儀隨佛下生

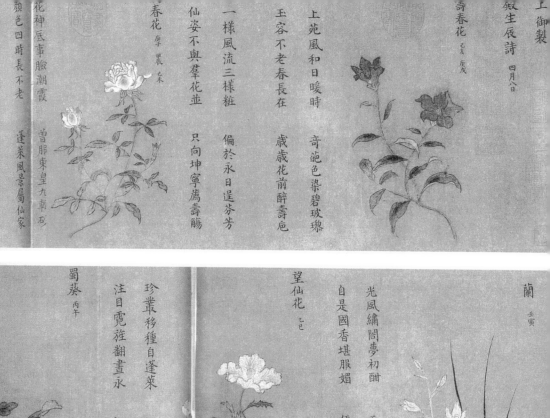

叡生辰詩　四月八日

壽春花　乙亥 庚戌

上苑風和日暖時　奇葩色染碧玻瓈　歲歲花前醉壽卮

玉容不老春長在　偏於永日逞芬芳

一樣風流三樣粧　只向坤寧薦壽觴

仙姿不與羣花並

春花　厚晨 乙未

花神底事臉潮霞　曾朋東皇九暐石

顏色四時長不老　蓬萊風景屬仙家

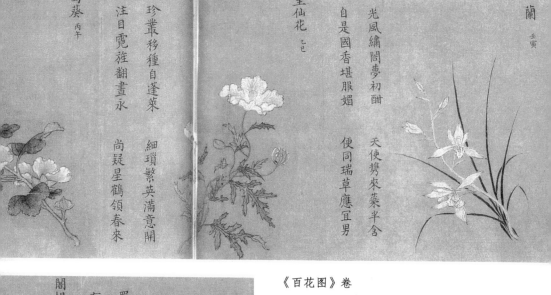

蜀葵　丙午

珍叢移種自蓬萊　細瑣繁英滿意開

注目霓旌翻晝永　尚疑星鶴領春來

望仙花　乙巳

光風繡闥夢初酣　天使攜來菜半含

自是國香堪服媚　便同瑞草應宜男

蘭　壬寅

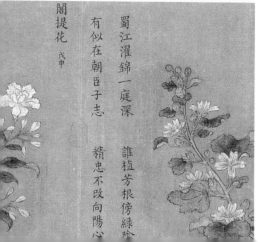

閻提花　戊申

蜀江濯錦一庭深　誰植芳根傍綠陰

有似在朝臣子志　精忠不攺向陽心

《百花图》卷

（宋）杨婕妤　收藏于辽宁省博物馆

插花与传统的诗画有紧密的联系，它是一种独立的艺术形式，独具特色。传统插花从诗画中汲取了大量的审美养分，但它与绘画有所不同。插花之人必须在现实的限制（选择合适的花材，追求趣味性和审美性等）下，发挥他们的创意，寻找出花卉的自然姿态与审美状态的平衡点，以表现出画面的艺术境界。因此，插花的功夫不仅在技巧的掌握上，更强调艺术境界和养上。

状元红　祥云　绍兴春　燕脂楼　玉腰楼　金腰楼　双头红　富
贵红　一尺红　鹿胎红　文公红　政和春　醉西施　迎日红　彩霞
叠罗　胜叠罗　瑞露蝉　乾花　大千叶　小千叶

上（右）二十一品红花

紫绣球　乾道紫　泼墨紫　葛巾紫　福严紫

上（右）五品紫花

禁苑黄　庆云黄　青心黄　黄气球

上（右）四品黄花

玉楼子　刘师哥　玉覆盂

上（右）三品白花

欧碧

上（右）一品碧花

转枝红　朝霞红　洒金红　瑞云红　寿阳红　探春球　米囊红
福胜红　油红　青丝红　红鹅毛　粉鹅毛　石榴红　洗妆红　蘸金球
间绿楼　银丝楼　六对蝉　洛阳春　海芙蓉　腻玉红　内人娇　朝天
紫　陈州紫　袁家紫　御衣紫　蕲黄　玉抱肚　胜琼　白玉盘　碧玉
盘　界金楼　楼子红

上（右）三十一名未详

文待詔有此卷為
宗中丞所收曾借
撫能得大意
白雲外史

牡丹图
选自《花卉十开》 （清）恽寿平 收藏于上海博物馆

花释名第二

　　洛花见纪于欧阳公者，天彭往往有之。此不载，载其著于天彭者。彭人谓花之多叶者，京花，单叶者川花。近岁尤贱川花，卖不复售。花少而富，至三春则花稍多。及成树，花虽益繁，而花叶减矣。状元红者，重叶深红花，其色舆鞓红、潜绯相类，而天姿富贵。彭人以冠花品，多者谓之第一架，叶少而色稍浅者谓之第一架，以其高出众花之上，故名状元红。或曰旧制进士第一人即赐茜袍，此花如其色，故以名之。祥云者，千叶浅红花，妖艳多态，而花叶最多，花户王氏谓此花如朵云状，故谓之祥云。绍兴春者，祥云子花也，色淡红而花尤富，大者经尺，绍兴中始传。

　　洛阳牡丹在欧阳修的记录中已有记载的，天彭牡丹处处都有。这里就不收录了，我还是谱录那些天彭地区比较有名的品种。天彭当地人将多叶花的称为"京花"，单叶花的为"川花"。近年来，京花的价格高于川花，而京花的数量虽少，但品质上佳，到了第三个春天，京花的数量会稍有增多。等到牡丹长成大树时，花朵会变得更加茂盛，但叶子却逐渐减少。状元红花指多叶深红花，颜色与鞓红、潜绯相近，外形华贵典雅，当地人将叶子多的状元红和叶子少而颜色稍浅的状元红都视为珍品。有人说，状元红的花色与旧时状元被赐予的红色官服相似，因此得名。祥云是花叶众多、花色浅红、奇艳多姿的花，叶子最多，当地花农王氏觉得像一朵云，因此被称为祥云。绍兴春，是祥云的子花，花色淡红，花朵富丽，大小可达一尺，起源于绍兴地区。

《墨牡丹图》
（清）金延标　收
藏于中国台北故宫
博物院

大抵花户多种花子，以观其变，不独祥云耳。燕脂楼者，深浅相间，如燕脂染成，重趺累萼，状如楼观。色浅者出于新繁勾氏，色深者出于花户宋氏。又有一种色稍下，独勾氏花为冠。金腰楼、玉腰楼皆粉红花而起楼子，黄白间之如金玉色，与燕脂楼同类。

大概花农们会种植各种各样的花卉来观察它们的变化，不仅仅是祥云花。其中，燕脂楼的花瓣颜色深浅相间，看起来像是涂了胭脂一样，花瓣厚重，层层叠叠，形如楼阁。浅色的品种出自新繁勾氏，深色的品种则出自花户宋氏。另外还有一种颜色稍浅的品种，以勾氏花最佳。金腰楼和玉腰楼都是粉红色的花，花朵像楼阁一样重重叠叠，黄白相间，看起来像是金玉的颜色，和燕脂楼同属一类。

双头红者并蒂骈萼，色尤鲜明，出于花户宋氏。始秘不传，有谢主薄者，妈得其种，今花户往往有之。然养之得地，则岁岁皆双，不尔则间年矣，此花之绝异者也。富贵红者，其花叶圆正而厚，色若新染未干者。他花皆落，独此抱枝而槁，亦花之异者。

双头红的花朵并蒂结成双瓣，花萼紧密相连，色彩格外艳丽鲜明，出自花户宋氏家。起初，这种花很神秘，并未传播，后来一位姓谢的主薄的母亲得到了它的种子，现在各家花户都有种植这种花。不过，只有在适宜的土壤条件下才能保证每年都开出双瓣花，否则只有隔年才能看到，这正是这种花的绝妙之处。富贵红，花叶圆正、厚实，花色像是新染未干的颜色。其他花朵都凋零落下，只有它一直紧把着枝干，这也是此花的独特之处。

牡丹最易近俗非难工半如造意徒逞红抹绿雜千花萬蕊徒一形勢
都無神明惟非宋徐熙父子趙昌主友之倫創意既新變焦斯備其賦色
極妍氣韵極厚蓋能不守陳規全師造化故稱傳神觀南田山本妍

牡丹图
选自《王翚花卉山水》 （清）恽寿平
收藏于中国台北故宫博物院

一尺红者，深红，颇近紫色，花面大几尺，故以一尺名之。

鹿胎红者，乃紫花，与此颇异。

文公红者，出于西京路公园，亦花之丽者。其种传蜀中，遂以文公名之。

政和春者，浅粉红花，有丝头，政和中始出。

醉西施者，粉白花，中间红晕状如酡颜。

迎日红者，与醉西施同类，浅红花中特出深红花，开最早而妖丽夺目，故以迎日名之。

一尺红的花色深红，近似紫色，花面非常大，几乎有一尺，因此而得名。

鹿胎红，花是紫色的，与一尺红有所不同。

文公红，出在西京路公园，也是美丽的花。后来被带到蜀中种植，以文公来命名。

政和春，花朵是浅粉色的，带有丝状头，首次出现在政和年中。

醉西施，花为粉白色，中间有红色晕状，状似醉酒后的面颊。

迎日红，与醉西施类似，是一种浅红色中有深红色的花朵，开花时间最早，非常妖艳夺目，因此被命名为迎日红。

《牡丹》
（明）徐渭　收藏
于中国台北故宫博
物院

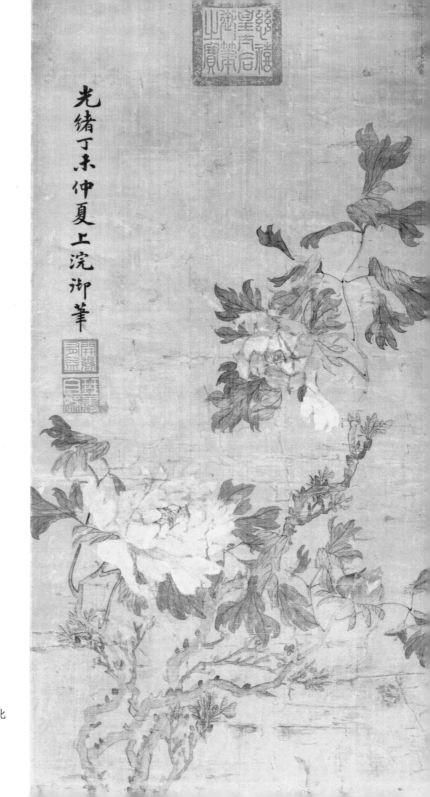

《牡丹图》
（清）慈禧　收藏于北
京北海公园

彩霞者，其色光丽烂然如霞。

叠罗者，中岷间琐碎如叠罗纹。

胜叠罗者，差大于叠罗。此三品皆以形而名之。

瑞露蝉亦粉红花，中抽碧心，如合蝉状。

乾花者，粉红花，而分蝉旋转，其花亦富。

大千叶、小千叶，皆粉红花之杰者。

大千叶无碎花，小千叶则花萼琐碎，故以大小别之。

此二十一品皆红花之著者也。

彩霞，花的颜色绚烂如霞。

叠罗，花蕾之间的细节像叠罗纹一样繁复。

胜叠罗，花比叠罗体形更大。这三种花都是以其形态命名的。

瑞露蝉，花是粉红色的，其花心像蝉翼闭合了一样。

乾花也是粉红色，花瓣在盛开时像扇形旋转，花朵非常美丽。

大千叶和小千叶，都是粉红花中的杰出者。

大千叶的花瓣没有繁杂的花纹，而小千叶的花萼很繁复，因此用大小来区分它们。

这二十一种花都是红花中的著名品种。

紫绣球一名新紫花，盖魏花之别品也。其花叶圆正如绣球状，亦有起楼者，为天彭紫花之冠。

乾道紫，色稍淡而晕红，出未十年。

泼墨紫者，新紫花之子花也。单叶深黑如墨。欧公记有叶底紫，近之。

葛巾紫，花圆正而富丽，如世人所戴葛巾状。

福严紫，亦重叶紫花，其叶少于紫绣球，莫详所以得名。按欧公所纪有玉板白，出于福严院。土人云，此花亦自西京来，谓之旧紫花。岂亦出于福严耶？

禁苑黄，盖姚黄之别品也。其花闲淡高秀，可亚姚黄。

庆云黄，花叶重复，郁然轮困，以故得名。

青心黄者，其花心正青，一本花往往有两品，或正圆加球，或层起成楼子，亦异矣。

紫绣球，又名新紫花，大概是魏花的分支。它的花叶像绣球一样圆正，也有像凸起的楼子，属天彭紫花中之冠。

乾道紫，花的颜色稍淡，带有晕红，出现时间不到十年。

泼墨紫，是新紫花的子花，单片花瓣，深黑如墨。欧阳修曾记载"叶底紫"，近似此花。

葛巾紫，花圆正而丰盛，像人们戴的葛巾。

福严紫，也是重叶紫花，但其叶子比紫绣球少，不清楚为什么得此名。据欧阳修所述，有玉板白出自福严院。当地人说，这种花也来自西京，被称为旧紫花。难道也是出自福严院吗？

禁苑黄，是姚黄的分支，花淡雅高贵，可以媲美姚黄。

庆云黄，花瓣层层重叠，郁然轮困，因此得名。

青心黄，花心正青，一朵花常有两种样式，有的正圆加球状，有的成层楼子，也很特别。

黄气球者，淡黄檀心，花叶圆正，向背相承，敷腴可爱。

玉楼子者，白花起楼，高标逸韵，自然是风尘外物。

刘师哥者，白花带微红，多至数百叶，纤妍可爱，莫知何以得名。

玉覆盂者，一名玉炊饼，盖圆头白花也。

碧花止一品，名曰欧碧。其花浅碧而开最晚，独出欧氏，故以姓著。

大抵洛中旧品，独以姚魏为冠。天彭则红花以状元红为第一，紫花以紫绣球为第一，黄花以禁苑黄为第一，白花以玉楼子为第一。然花户岁益培接，新特间出，将不特此而已。好事者尚屡书之。

黄气球，淡黄色的花，浅红色的花蕊，花叶圆正，向外翻扬，非常可爱。

玉楼子，白色花朵层叠犹如楼阁，高雅而优美，自然属于超凡脱俗之物。

刘师哥，白色花朵中带有微红色，花叶多达数百片，细腻可爱，不知因何得名。

玉覆盂，又名玉炊饼，花朵是白色的圆头。

碧花只有一品，名为欧碧，花色浅碧且开放时间最晚，是欧氏家族的特有品种，因此以欧姓命名。

总的来说，洛中的名花品种中，以姚魏为最上乘。而在天彭，红花中状元红为第一，紫花中紫绣球为第一，黄花中禁苑黄为第一，白花中玉楼子为第一。不过，花农们每年都会引进新品种，因此这些排名可能会随时改变。喜欢牡丹的人还在不断谱录新品种。

《牡丹二种》▶
（清）钱维城　收藏于
中国台北故宫博物院

风俗记第三

天彭号小西京，以其俗好花，有京洛之遗风，大家至千本。花时，自大守而下，往往即花盛处张饮帐幕，车马歌吹相属，最盛于清明寒食时，在寒食前谓之火前花，其开稍久。火后花则易落。最喜阴晴相半一时，谓之养花天。栽接剥治，各有其法，谓之弄花。其有弄花一年，看花十日之语。故大家例惜花，可就观不敢轻剪。盖剪花则次年花绝少。惟花户则多植花以牟利。

天彭号称小西京，因为当地人有种牡丹花的风俗，继承了京洛地区的传统，大户人家的牡丹能达到上千株。花开时节，上至太守，下至百姓，都会常常在赏花之地搭设帷帐，车马喧哗，人们饮酒唱歌，最热闹的时候是在清明和寒食之前。在寒食前开的牡丹花品种，称为"火前花"，花期较长。寒食之后的"火后花"花期较短，容易凋谢。阴晴相间的天气最好，被称为"养花天"。花的栽培、接种、剥离、治理都有不同的技巧，称为"弄花"。有谚语说"弄花一年，看花十日"，因此大家都很珍惜花，不敢轻易剪花，因为剪花会导致次年开花的数量减少。只有花户才会大量种植以牟取利益。

《牡丹》▶
（五代后蜀）滕昌佑
收藏于中国台北故宫博物院

双头红初出时，一本花取直至三十千，祥云初出亦直七八千，今尚两千。州家岁常以花以诸台及旁郡，蜡蒂筠篮，旁午于道。予客成都六年，岁常得饷，然率不能绝佳。淳熙丁酉岁，成都帅以善价私售于花户，得数百苞，驰骑取之，至成都，露犹未唏。其大径尺。夜宴西楼下，烛焰与花相映，发影摇酒中，繁丽动人。嗟乎！天彭之花，要不可望洛中，而其盛已如此！使异时复两京，王公将相筑园第以相垮尚，予幸得与观焉，其动荡心目以宜何如如也？明年正月十五日山阴陆游书。

双头红刚出现时，一朵花的价格直接涨到了三万钱，祥云刚开始时也价值七八千钱，到现在还值两千钱。每年州府都要将花献给其他官员和附近的县城。一般会用蜡烛和竹篮装饰，然后摆在路旁，等驿马驮运。我在成都待了六年，虽然每年都用饷金买花，但买不到好品种的花。淳熙丁酉年，统领成都的官员私下出高价向花户购买了几百朵花，之后马上派人运往成都，到达成都后，花上的露珠都还没有干，那些花都超过一尺大。那天晚上举行宴会，烛光与鲜花相映成趣，美丽而动人。哎呀！天彭牡丹，虽然不及洛阳牡丹，却已经如此繁盛了！假如他日能收复两京，王公将相建造花园别墅栽植牡丹以夸耀比较，我若有幸能够参观，那种华丽的盛景肯定足够震撼。明年正月十五日陆游在山阴撰写此书。

《宋人牡丹图》
（宋）佚名　收藏于北京故宫博物院

▲《杨贵妃上马图》 （元）钱选 收藏于美国弗利尔美术馆

有很多人误认为唐代插花就是插牡丹花，以为牡丹是唐代的国花，然而这种想法是毫无历史依据的。直到武则天时期，宫中才开始出现野生牡丹。在唐玄宗中期，人们借用芍药的名号，将牡丹称为"木芍药"。直到唐玄宗和杨贵妃时，李白写下《霓裳曲》，牡丹才开始受到皇室亲戚的青睐。

《霓裳曲》

（唐）李白

云想衣裳花想容，春风拂槛露华浓；
若非群玉山头见，会向瑶台月下逢。
一枝红艳露凝香，云雨巫山枉断肠；
借问汉宫谁得似？可怜飞燕倚新妆。
名花倾国两相欢，常得君王带笑看；
解释春风无限恨，沉香亭北倚阑干。

牡丹图
选自《花卉果木》外
销绘本　收藏于奥地
利国家图书馆

在宋代时期才开始真正
地使用牡丹插花，直到
欧阳修写下《洛阳牡丹
记》之后，人们才将洛
阳牡丹送入宫中。每次
只献上三五朵花，使用
蜡滴在花心封住花蒂，
以防花瓣掉落。然后将
花放置在竹篮中，覆盖
上菜叶子，以达到保湿
防震的目的。

蔷薇全盆艳有花大
王高製殿春陽震
真頻樹雲十二賞
春水暗著玉雪春
葉當階盤崚帶金
芒句剥珠株花詩
也句詠陽剛武便
人草詠陽川武便
與花上可頡試

扬州芍药谱

［北宋］ 王观 撰

天地之功，至大而神，非人力之所能窃胜。惟圣人为能体法其神以成天下之化，其功盖出其下而曾不少加以力。不然，天地固亦有间而可穷其用矣。余尝论天下之物，悉受天地之气以生，其小大短长、辛酸甘苦，与夫颜色之异，计非人力之可容致巧于其间也。今洛阳之牡丹、维扬之芍药，受天地之气以生，而小大浅深，一随人力之工拙，而移其天地所生之性，故奇容异色，间出于人间；以人而盗天地之功而成之，良可怪也。

天地的功德至伟而神秘，是人力无法超越的。只有圣人才能体察其妙，从而实现天下的教化。圣人的功德也不相上下，没有比他们更用心的人。否则，天地间的资源会被耗尽。我曾经探讨过天下万物，它们都受天地之气的滋养而生长，无论大小、长短、辛酸、甘苦，以及颜色之异，都无法靠人力的技巧来调整。现在洛阳的牡丹和维扬的芍药，虽然都受到天地之气的滋养而生长，但它们的大小、深浅也随着人力的工巧而发生变化，从而改变了它们原初的特性，因此这些奇异的容貌和颜色，有时也出现在了人间。那些依靠人力窃取天地之功而创造出这些美景的人，实在是值得怀疑的。

然而天地之间，事之纷纭出于其前不得而晓者，此其一也。洛阳土风之详，已见于今欧阳公之记，而此不复论。维扬大抵土壤肥腻，于草木为宜。《禹贡》曰："厥草惟夭是也。"居人以治花相尚，方九月十月时，悉出其根，涤以甘泉，然后剥削老硬病腐之处，揉调沙粪以培之，易其故土，凡花大约三年或二年一分；

不分，则旧根老硬，而侵蚀新芽，故花不成就。分之数，则小而不舒，不分与分之太数，皆花之病也。花之颜色之深浅，与叶蕊之繁盛，皆出于培壅剥削之力。花既萎落，亟剪去其子，屈盘枝条，使不离散。故脉理不上行而皆归于根，明年新花繁而色润。

然而在天地之间，许多事情都很复杂，所以在它们发生之前是无法预知的，这是其中的一种情况。洛阳的土地和气候特征已经在欧阳修的记录中详细描述过了，这里不再赘述。维扬的土地也适宜植物的生长，尤其适合草木的生长。《尚书·禹贡》中说："厥草惟夭是也。"当地的人们喜欢种花，在九月和十月时，他们会将花根取出，用甘泉清洗，然后去除老化、硬化、生病和腐烂的部分，再用混合均匀的沙粪培育，将其从旧有的土壤中分离出来。如果不分离旧土，那么旧根就会变老变硬，侵蚀新芽，从而使花无法茁壮成长。而分离的次数太多或太少，花的生长也都会受影响。花的颜色和花瓣的繁盛程度，也取决于这种培育和剥离的方法。花谢之后，应立即剪去它们的果实，让枝条弯曲使其不会散开。这样，根系就不会向上生长，而是集中在根部。第二年，新的花就会茂盛生长，并且颜色更加鲜艳。

杂花根窠多不能致远，惟芍药及时取根，尽取本土，贮以竹席之器，虽数千里之远，一人可负数百本而不劳。至于他州，则壅以沙粪，虽不及维扬之盛，而颜色亦非他州所有者比也。亦有逾年即变而不成者，此亦系夫土地之宜不宜，而人力之至不至也。

杂花的根和茎较多，难以长久保存，只有芍药若及时挖取根部，完整取其原本的土壤，存放在竹席器皿中，即使数千里之远，一个人也可以负载数百株而不费力气。至于其他地方产的芍药，一般用沙粪填塞栽培，虽然不能与维扬产的芍药相媲美，但颜色也不比其他地方的芍药差。但是，也有一些芍药经过一年之后就发生变化而死掉的，这是土地不适宜和人力养护不到位导致的。

花品旧传龙兴寺山子、罗汉、观音、弥陁之四院，冠于此州，其后民间稍稍厚赂以匄其本，壅培治事，遂过于龙兴之四院。今则有朱氏之园，最为冠绝，南北二圃所种，几于五六万株，意其自古种花之盛，未之有也。朱氏当其花之盛开，饰亭宇以待来游者，逾月不绝，而朱氏未尝厌也。扬之人与西洛不异，无贵贱皆喜戴花，故开明桥之间，方春之月，拂旦有花市焉。州宅旧有芍药厅，在都厅之后，聚一州绝品于其中，不下龙兴、朱氏之盛。往岁州将召移，新守未至，监护不密，悉为人盗去，易以凡品，自是芍药厅徒有其名尔。今芍药有三十四品，旧谱只取三十一种。如绯单叶、白单叶、红单叶，不入名品之内，其花皆六出，维扬之人甚贱之。余自熙宁八年季冬守官江都，所见与夫所闻，莫不详熟，又得八品焉，非平日三十一品之比，皆世之所难得，今悉列于左。旧谱三十一品，分上中下七等，此前人所定，今更不易。

旧时流传的花品有龙兴寺山子、罗汉、观音、弥陀四院，是此州之冠。后来，民间纷纷筹集财物，投资修缮，于是超过了龙兴寺的四院。如今朱氏的花园最为盛艳，其南北两个花圃种植的花卉就达五六万株，我感觉自古以来种花之事，还从没有如此的盛景。在花盛放的时节，朱氏会在园内装饰亭子以接待游客前来观赏，这样的赏玩活动会持续超过一个月，朱氏也不厌烦。维扬人和西洛人一样，无论贫富贵贱，都喜欢戴花，因此每年春天，在开明桥附近早上都会有花市。过去在州宅中，有一座芍药厅，它位于都厅之后，收藏着全扬州最优秀的芍药品种，规模不亚于龙兴寺和朱氏的花园。但前些年，州宅更替，新守尚未到，因监护不严发生了盗窃，名贵的花种被普通的品种取而代之，如今这座芍药厅也只是徒有其名了。目前芍药的品种已有三十四种了，但旧谱中只收录了三十一种，像绯单叶、白单叶、红单叶都不在名品之列，但它们的花朵都很美，只是在扬州人眼中不太受欢迎而已。我自熙宁八年季冬开始担任江都守官，所见所闻皆详尽无遗，另外还得到了八个珍贵品种的芍药，并不是那三十一种能比得上的，都是世间难得的品种。现在，它们都被列在了左边。旧谱将这三十一个品种按上中下分成了七个等级，这是前人定的，现在也没有改变。

上之上

▪ 冠群芳

冠群芳，大旋心冠子也。深红、堆叶、顶分四五旋，其英密簇，广可及半尺，高可及六寸，艳色绝妙，可冠群芳，因以名之。枝条硬，叶疏大。

冠群芳是大旋心冠子花，花色深红，花瓣堆叠，顶端分成四五圈旋转，花瓣密集，可以覆盖半尺，高达六寸，色彩非常艳丽，可以艳压群芳，因此而得名。它的枝条很硬，叶子稀疏而大。

▪ 赛群芳

赛群芳，小旋心冠子也。渐添红而紧，小枝条及绿叶并与大旋心一同。凡品中言大叶、小叶、堆叶者，皆花叶也；言绿叶者，谓枝叶也。

赛群芳是小旋心冠子花，会随着时间慢慢变红且变得紧实，枝条和绿叶与大旋心一同生长。凡是称为大叶、小叶、堆叶的，都是指花瓣；而称为绿叶的，则是指枝条上的叶子。

▪ 宝妆成

　宝妆成，髻子也。色微紫，于上十二大叶中，密生曲叶，回环裹抱团圆，其高八九寸，广半尺余，每一小叶上，络以金线，缀以玉珠，香欺兰麝，奇不可纪，枝条硬而叶平。

　宝妆成是髻子花，颜色微紫，在十二片大叶之上密密地生长着弯曲的小叶，环绕在一起成圆形，高约八九寸，宽半尺余，每个小叶上都穿

▼《仿宋院本金陵图》卷
（清）杨大章　收藏于中国台北故宫博物院
宋代插花在民间极其流行，世人都想留住盛极的春芳，甚至有诗曰："惜春只怕春归去，多插瓶花在处安。"宋代张邦基在《墨庄漫录·卷九》中说："牡丹闻于天下，花盛时，太守作万花会。宴集之所，以花为屏帐，至于梁栋柱拱，悉以竹筒贮水，簪花钉挂，举目皆花也，扬州产芍药，其妙者，不减于姚黄魏紫。蔡元长知维扬日，亦效洛阳，亦作万花会。其后岁岁循习……"

着金线，点缀着玉珠，香气比兰草和麝香更加诱人，奇妙至极，枝条坚硬，叶子平整。

▪ 尽天工

尽天工，柳浦青心红冠子也。于大叶中小叶密直，妖媚出众。傥非造化，无能为也，枝硬而绿叶青薄。

尽天工是柳浦青心红冠子花，它的小叶紧密地排列在大叶之间，美艳动人。若不是自然的造化，人力是绝对不行的，其枝条坚硬，绿叶薄而呈青色。

▪ 晓妆新

晓妆新，白缬子也。如小旋心状，顶上四向，叶端点小殷红色，每一朵上，或三点、或四点、或五点，象衣中之点缀也，绿叶甚柔而厚，条硬而绝低。

晓妆新是白缬子花，形似小旋心，顶端向四周散开，叶尖有小的殷红色斑点，有的花上有三个点，有的花上有四个点，有的花上有五个点，像衣服上的绣花。绿叶非常柔软而厚，枝条坚硬且低矮。

▪ 点妆红

点妆红，红缬子也。色红而小，并与白缬子同，绿叶微似瘦长。

点妆红是红缬子花，颜色红而小，和白缬子一样，绿叶略带纤细。

上之下

▪ 叠香英

叠香英，紫楼子也。广五寸，高盈尺，于大叶中细叶二三十重，上又耸大叶如楼阁状，枝条硬而高，绿叶疏大而尖柔。

叠香英是紫楼子花，宽约五寸，高达一尺，在大叶中有二三十层细小的叶子，向上又有大叶高高耸起，形如楼阁，枝条坚硬而高，绿叶稀疏而叶尖柔软。

▪ 积娇红

积娇红，红楼子也。色淡红，与紫楼子不相异。

积娇红是红楼子花，它的颜色淡红，与紫楼子花相似。

芍药图 ▶
选自《本草图汇》十九世纪绘本　佚名　收藏于日本东京大学附属图书馆
宋代苏轼极其喜爱芍药，其实在宋代文人之间，种植、欣赏芍药已然成为一种生活方式。《仇池笔记·卷上·万花会》中说："芍药为天下冠。蔡京为守，始作万花会，用花十余万枝。"

中之上

▪ 醉西施

醉西施，大软条冠子也。色淡红，惟大叶有类大旋心状，枝条软细，渐以物扶助之，绿叶色深厚，疏而长以柔。

醉西施是大软条冠子花，它的颜色呈淡红，大叶有类似大旋心的形状，枝条柔软细长，需要用物支撑，绿叶色深且厚，疏长而柔软。

▪ 道妆成

道妆成，黄楼子也。大叶中深黄，小叶数重，又上展淡黄大叶，枝条硬而绝黄，绿叶疏长而柔，与红紫者异。此品非今日之黄楼子也，乃黄丝头中盛则或出四五大叶，小类黄楼子。盖本非黄楼子也。

道妆成，黄楼子花，大叶的颜色呈深黄色，小叶层目较多，又有向上展开的淡黄色大叶，枝条坚硬呈黄色，绿色的叶子稀疏而柔软，与红色和紫色的不同。但这种品种并不是今天所说的黄楼子花，而是类似黄丝头中盛开的有四五片大叶的品种，有点像黄楼子花，但并不是。

▪ 掬香琼

掬香琼，青心玉板冠子也。本自茅山来，白英圆掬，坚密平头，枝条硬而绿，叶短且光。

掬香琼是青心玉板冠子花，原产于茅山，白色的花簇拥在一起，紧密坚硬的平头，枝条坚硬而呈绿色，叶子短而光亮。

▪ 素妆残

素妆残，退红茅山冠子也。初开粉红，即渐退白，青心而素淡，稍若大软条冠子，绿叶短厚而硬。

素妆残是退红茅山冠子花，它一开始开的花是粉红色，之后逐渐变为白色，花心青色而素淡，略有点像大软条冠子花，绿色的叶子短厚而坚硬。

▪ 试梅装

试梅装，白冠子也。白缬中无点缬者是也。

试梅装是白冠子花，白色花纹中没有点状纹路。

▪ 浅妆匀

浅妆匀，粉红冠子也。是红缬中无点缬者也。

浅妆匀是粉红冠子花，红色花纹中没有点状纹路。

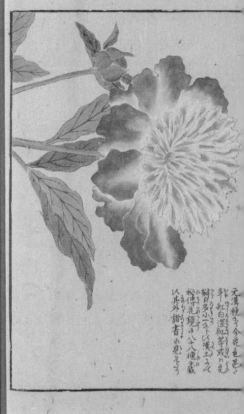

芍药图

选自《本草图谱》江户晚期绘本 ［日］岩崎灌园 收藏于日本东京国立国会图书馆

其下十余叶，稍大，承之如盘，姿格绝异，独出于七千朵之上。云：得之于城北苏氏园中，周宰相莒公之别业也。而其名甚俚，乃为易之。杂花狼藉占春馀，芍药开时扫地无。两寺妆成宝缨络，一枝争看玉盘盂。绝品难逢旧画图。姑山亲见雪肌肤。花不能言意可知，令君痛饮更无疑。 但持白酒劝嘉客，直待琼舟覆玉蕤。 负郭相君初择地，看羊属国首吟诗。 吾家岂与花相厚，更问残芳有几枝。

中之下

▪ 醉娇红

醉娇红,深红楚州冠子也。亦若小旋心状,中心紧堆大叶,叶下亦有一重金线,枝条高,绿叶疏而柔。

醉娇红是深红楚州冠子花,它也有类似小旋心的形状,中心紧紧堆叠着大叶,叶下也有一重金线条,枝条高耸,绿色的叶子稀疏而柔软。

▪ 拟香英

拟香英,紫宝相冠子也。紫楼子心中细叶上不堆大叶者。

拟香英是紫宝相冠子花,在紫楼子花的花心中,细叶上没有堆积大叶。

▪ 妒娇红

妒娇红,红宝相冠子也。红楼子心中细叶上不堆大叶者。

妒娇红是红宝相冠子花。在红楼子花的花心中,细叶上没有堆积大叶的就是红宝相冠子花。

▪ 缕金囊

缕金囊，金线冠子也。稍似细条深红者，于大叶中细叶下，抽金线，细细相杂，条叶并同深红冠子者。

缕金囊是金线冠子花，它的叶子稍微像深红色的细条，在大的叶子中间，细叶的下面，抽有金色的线条，枝条和叶片与深红冠子花一样。

《芍药小鸟》
（清）任伯年　收藏于中国美术馆

下之上

▪ 怨春红

怨春红，硬条冠子也。色绝淡，甚类金线冠子而堆叶，条硬而绿，叶疏平，稍若柔。

怨春红是硬条冠子花，它的颜色很淡，非常像金线冠子并且叠堆叶片，枝条硬而绿，叶子稀疏而平坦，稍微有点柔软。

▪ 妒鹅黄

妒鹅黄，黄丝头也。于大叶中一簇细叶，杂以金线，条高，绿叶疏柔。

妒鹅黄是黄丝头花，在大叶子中有一簇细小的叶子，其中夹杂着金色的线条，枝条高高的，绿叶稀疏而柔软。

▪ 蘸金香

蘸金香，蘸金蕊紫单叶也。是髻子开不成者，于大叶中生小叶，小叶尖蘸一线金色是也。

蘸金香是蘸金蕊紫单叶花，它是没有开放的髻子花，在大叶中生小叶，小叶尖端沾染上一线金色。

▪ 试浓妆

试浓妆，绯多叶也。绯叶五七重，皆平头，条赤而绿，叶硬、皆紫色。

试浓妆是绯多叶花，它有五到七层的叶子，都很平整，枝条为深红色和绿色相间，叶子很硬，都呈现紫色。

下之中

▪ 宿妆殷

宿妆殷，紫高多叶也。条叶花并类绯多叶，而枝叶绝高平头。凡槛中虽多，无先后开，并齐整也。

宿妆殷是紫高多叶花，它的花、叶与绯多叶花类似，但是枝叶高而平整，虽然在篱笆中有很多，但它们同时开放，非常整齐。

▪ 取次妆

取次妆，淡红多叶也。色绝淡，条叶正类绯多叶，亦平头也。

取次妆是淡红多叶花，它的颜色非常淡，条、叶与绯多叶花非常相似，同样是平整的。

▪ 聚香丝

聚香丝，紫丝头也。大叶中一叶紫丝细细是也，枝条高，绿叶疏而柔。

聚香丝是紫丝头花，在大叶子中有一簇紫色的细丝，枝条很高，叶子稀疏而柔软。

▪ 簇红丝

簇红丝，红丝头也。大叶中一簇红丝细细是也，枝叶并同紫者。

簇红丝是红丝头花，在大叶子中有一簇红色的细丝，枝条和叶子都呈紫色。

下之下

▪ 效殷妆

效殷妆，小矮多叶。也与紫高多叶一同，而枝条低，随燥湿而出，有三头者、双头者、鞍子者、银丝者，俱同根，而土地肥瘠之异者也。

效殷妆是小矮多叶花。它与紫高多叶花相似，但枝条比较低，根据干湿程度，有三个头的、两个头的、马鞍状的、带银边缘的，都同根而生，在土地贫瘠的地方生长的小矮多叶花与上述不同。

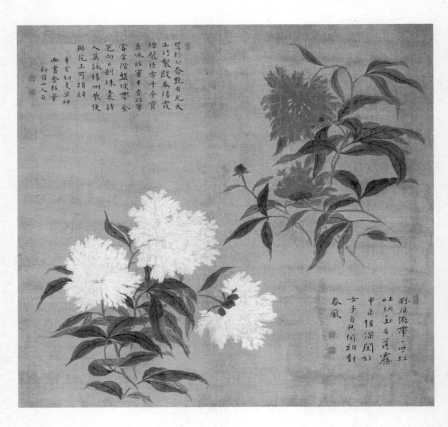

《红白芍药》
（清）华喦 收藏于中国美术馆

▪ 会三英

会三英,三头聚一萼而开。

会三英是三朵花聚在一起绽放的品种。

▪ 合欢芳

合欢芳,双头并蒂而开,一朵相背也。

合欢芳是两朵花并蒂背向绽放的品种。

▪ 拟绣鞯

拟绣鞯,鞍子也。两边垂下如所乘鞍状,地绝肥而生。

拟绣鞯是鞍子花,两边垂下来,像马鞍一样,在土地非常肥沃的地方生长。

▪ 银含棱

银含棱,银缘也。叶端一棱白色。

银含棱,边缘是银色的,叶尖有一条白色的线。

《芍药图》
（清）郎世宁　收藏于中国台北故宫博物院

新收八品

▪ 御钗黄

御钗黄，黄色浅而叶疏，叶差深，散出于叶间，其叶端色又微碧，高广类黄楼子也。此种宜升绝品。

御钗黄，黄色比较浅，叶子稀疏，花间距大，零散地生长在叶间，叶尖的颜色微微带绿，高大如同黄楼子花一样。这种花适合升为绝品。

▪ 黄楼子

黄楼子,盛者五七层,间以金线,其香尤甚。

黄楼子，开得旺盛的有五到七层花瓣，中间有金线穿插，香味特别浓郁。

▪ 袁黄冠子

袁黄冠子，宛如髻子，间以金线，色比鲍黄。

袁黄冠子，像髻子一般，中间有金线，颜色比鲍黄还要鲜艳。

▪ 峡石黄冠子

峡石黄冠子,如金线冠子,其色深如鲍黄。

峡石黄冠子,如同金线冠子花,颜色深如鲍黄。

▪ 鲍黄冠子

鲍黄冠子,大抵与大旋心同,而叶差不旋,色类鹅黄。

鲍黄冠子,大体上和大旋心花类似,但叶子没有旋转,颜色似鹅黄。

▪ 杨花冠子

杨花冠子,多叶白心,色黄,渐拂浅红,至叶端则色深红,间以金线。

杨花冠子,多叶白心,黄色逐渐变成淡红色,到叶尖则是深红色,中间有金线。

▪ 湖缬

湖缬,红色深浅相杂,类湖缬。

湖缬,红色深浅相间,像湖缬花。

▪ 黾池红

黾池红,开须并萼,或三头者,大抵花类软条也。

黾池红,开放时两朵并萼,有的会开出三朵花,大体上像软条花。

史湘云醉眠芍药茵
选自《红楼梦赋图》册 （清）沈谦

后论

　　维扬，东南一都会也，自古号为繁盛。自唐末乱离，群雄据有，数经战焚，故遗基废迹，往往芜没而不可见。今天下一统，井邑田野，虽不及古之繁盛，而人皆安生乐业，不知有兵革之患。民间及春之月，惟以治花木、饰亭榭，以往来游乐为事，其幸矣哉。扬之芍药甲天下，其盛不知起于何代，观其今日之盛，古想亦不减于此矣。或者以谓自有唐若张祜、杜牧、卢仝、崔涯、章孝标、李嵘、王播，皆一时名士，而工于诗者也，或观于此，或游于此，不为不久，而略无一言一句以及芍药，意其古未有之，始盛于今，未为通论也。海棠之盛，莫甚于西蜀，而杜子美诗名又重于张祜诸公，在蜀日久，其诗仅数千篇，而未尝一言及海棠之盛。张祜辈诗之不及芍药，不足疑也。芍药三十一品，乃前人之所次，余不敢辄易。后八品，乃得于民间而最佳者。然花之名品，时或变易，又安知止此八品而已哉。后将有出兹八品之外者，余不得而知，当俟来者以补之也。

　　维扬是东南地区的都会，自古以来就以繁盛著称。唐末乱世之中，群雄相继掌控这座城市，多次经历战火的摧残，留下的遗迹废墟时常被荒草遮掩而不可见。如今天下一统，城乡田野虽不及古时繁华，但人们安居乐业，没有兵革之患。到了春季，民间以栽培花木、布置亭榭、往来游玩为乐事，真是幸福啊！维扬的芍药有天下第一的美誉，它的盛名不知源于何时，但从今天的盛况来看，古代想必也不会差。也许有人会说，像唐代的诗人张祜、杜牧、卢仝、崔涯、章孝标、李嵘、王播等都是当时的名士，也都擅长写诗，他们在这里游览或者写诗，可是却没有一句提到芍药，这或许说明，古代的芍药并不像现在这样盛产，当然，这个说法也未必是通论。西蜀是盛产海棠的地方，而诗人杜甫的诗名比张祜等人更大，他在蜀地生活很久，诗作不多，也就数千篇，但是却从未提到过海棠的盛况。可以肯定的是，张祜等人的诗歌中没有提及芍药，这是毋庸置疑的。芍药有三十一个品种，这是前人归类的，我不敢妄加修改。后面的八品是从民间得来的最好的品种。不过，花卉的品种有时会有所变化，又怎么能知道只有这八种就可以了呢？也许以后还会有更多的品种被发现，我无法知晓，只能等后来者进行补充了。

刘氏菊谱

［北宋］刘蒙 撰

谱叙

　　草木之有花，浮冶而易壞，凡天下轻脆难久之物者，皆以花比之，宜非正人、达士、坚操、笃行之所好也。然余尝观屈原之为文，香草龙凤，以比忠正，而菊与菌桂、荃蕙、兰芷、江蓠同为所取。又松者，天下岁寒坚正之木也，而陶渊明乃以松名配菊，连语而称之。夫屈原、渊明，寔皆正人、达士、坚操、笃行之流，至于菊，犹贵重之如此，是菊虽以花为名，固与浮冶易壞之物不可同年而语也。且菊有异于物者，凡花皆以春盛，而实者以秋成，其根抵枝叶无物不然。而菊独以秋花悦茂于风霜摇落之时，此其得时者异也。

　　草木中有花，飘逸但易摇曳，所有天下脆弱易碎之物，皆以花作比，恐怕并非正人、达士、坚定和执着之人所好。然而，我曾读屈原的文章，他用香草、龙凤来比喻忠诚正直，而选菊花、菌桂、荃蕙、兰芷、江蓠与其并列。而松树是天下坚正之木，在寒冬中不屈不挠，但陶渊明却用松树来配合菊花，并一起称之。屈原、陶渊明都是正直坚定、执着行事的人，他们对菊花如此珍视，足见菊花虽以花为名，却不能与那些飘摇易碎之物相提并论。而且，菊花与其他花的不同之处还在于，其他花一般都是春季盛放，在秋天成熟结果实，根系和枝叶也是如此，只有菊花在秋天开花，于风霜摇曳之中盛放，它合于时宜的季节与众不同。

《歪瓶依菊图》

（清）边寿民　收藏于南京博物院

《长物志·花木·菊》："吴中菊盛时，好事家必取数百本，五色相间，高下次列，以供赏玩，此以夸富贵容则可。若真能赏花者，必觅异种，用古盆盎植一枝两枝，茎挺而秀，叶密而肥，至花发时，置几榻间，坐卧把玩，乃为得花之性情。甘菊惟荡口有一种，枝曲如偃盖，花密如铺锦者，最奇，余仅可收花以供服食。野菊宜着篱落间。菊有六要二防之法：谓胎养、土宜、扶植、雨旸、修葺、灌溉、防虫，及雀作窠时，必来摘叶，此皆园丁所宜知，又非吾辈事也。至如瓦料盆及合两瓦为盆者，不如无花为愈矣。"

有花叶者，花未必可食，而康风子乃以食菊仙。又《本草》云：以九月取花，久服轻身耐老，此其花异也。花可食者，根叶未必可食，而陆龟蒙云：春苗恣肥，得以采撷，供左右杯案。又《本草》云：以正月取根，此其根叶异也。夫以一草之微，自本至末，无非可食，有功于人者。加以花色香态纤妙闲雅，可为丘壑燕静之娱。然则古人取其香以比德，而配之以岁寒之操，夫岂偶然而已哉！

有花叶的植物，花并不一定能食用，但康风子却食用菊莲花。同时，《神农本草经》记载：在九月采摘这种花，服用后可以轻身耐老，足以说明这种花的与众不同。花朵可以食用的植物，根叶未必也可食，但陆龟蒙说：在春季，苗木生长得肥美时可以采摘，供人们食用。《神农本草经》中还记载：在正月采摘这种植物的根，它的根和叶也与众不同。以微不足道的植物而言，从根到叶，无非是都可以食用，对人有益的。此外，花的颜色、香味、姿态和纤巧优雅，可以作为清雅娱乐之物。因此，古人用花的香味来比喻德行，并将其与岁寒的节操相配合，这不仅仅是如此而已！

洛阳之风俗大抵好花，菊品之数，比他州为盛。刘元孙伯绍者，隐居伊水之滨，萃诸菊而植之，朝夕啸咏乎其侧，盖有意谱之而未假也。崇宁甲申九月，余得为龙门之游，得至君居。坐于舒啸堂上，顾玩而乐之，于是相与订论。访其居之未尝有，因次第焉。夫牡丹、荔枝、香、笋、茶、竹、砚、墨之类，有名数者，前人皆谱録。今菊品之盛，至于三十余种，可以类聚而记之，故随其名品论叙于左，以列诸谱之次。

大概是洛阳有喜爱种植花卉的风俗，所以菊花的品种数量，也比其他州府更多。刘元孙伯绍隐居在伊水一带，他收集和种植了各种菊花，早晚时分常常在菊花边上吟咏歌颂，他有意谱录菊花品种，但尚未付诸行动。崇宁甲申九月，我来龙门游玩，到了他的居所。坐在舒啸堂上，我赏玩着菊花，内心十分愉悦，于是和他展开讨论。我还去了他从未开放的居所，并按照次第逐一探访。牡丹、荔枝、香、笋、茶、竹、砚、墨等有名数之物，前人都记录过。如今菊花品种繁多，已达三十余种，可以按照类别进行归纳，因此，我按照菊花的名称进行品论和介绍，排在记录谱之后。

《菊花双兔图》　（明）陶成　收藏于中国台北故宫博物院

说疑

或谓菊与苦薏有两种，而陶隐居、日华子所记皆无千叶花，疑今谱中或有非菊者也。然余尝读隐居之说，以谓茎紫色青，作蒿艾气，为苦薏。今余所记菊中，虽有茎青者，然而为气香味甘，枝叶纤少，或有味苦者而紫色细茎，亦无蒿艾之气。又今人间相传为菊其已久矣，故未能轻取旧说而弃之也。凡植物之见取于人者，栽培灌溉不失其宜，则枝叶华实无不猥大。至其气之所聚，乃有连理、合颖、双叶、并蒂之瑞，而况于花有变而为千叶者乎？日华子曰：花大者为甘菊，花小而苦者为野菊。若种园蔬肥沃之处，复同一体。是小可变而为甘也。如是，则单叶变而为千叶，亦有之矣。牡丹、芍药，皆为药中所用，隐居等但记花之红白，亦不云有千叶者。今二花生于山野，类皆单叶小花；至于园圃肥沃之地，栽钼粪养，皆为千叶，然后大花千叶变态百出。然则奚独至于菊而疑之？注本草者谓：菊一名日精。按：《说文》从鞠，而《尔雅》菊治蘠，《月令》云鞠有黄华，疑皆传写之误欤。若夫马蔺为紫菊，瞿麦为大菊，乌喙苗为鸳鸯菊，旋覆花为艾菊，与其他妄滥而窃菊名者，皆所不取云。

有人说，菊花和苦薏有两种，但是陶弘景和日华子记载里都没有千叶花，因此我怀疑谱中可能有不是菊花的品种。不过，我曾读过陶弘景的书中，认为茎呈紫色或青色，有蒿艾的气味就是苦薏。而我所了解的菊花，虽然也有茎呈青色的，但气味香甜，枝叶细长，茎细呈紫色的，或许味道会稍苦，但没有蒿艾的气味。此外，如今世间相传它是菊花已经很久了，所以不能轻易放弃旧说。所有被人需要的植物只要被妥善栽培灌溉，枝叶就会繁茂，花朵也会繁盛。而且，花朵之间也会有一些瑞气，例如连理、合颖、双叶和并蒂，何况还有变异成千叶花的呢？日华子说：花朵大的是甘菊，花朵小且苦的是野菊。如果在土地肥沃的园圃种植，就会发生转换，花朵小且苦的也可以变为甘菊。那么，单叶变成千叶的也是可能的。牡丹、芍药等花都能入药，但陶弘景等人只是记录它们的红白颜色，并没有提到它们有千叶。如今，这两种花在山野中生长，都是单叶小花，但是在肥沃的园圃，经过栽培和施肥，都会变成千叶花，这时大花的千叶变态就更加多种多样了。那么，为什么只怀疑菊花呢？草本植物的注本称菊也叫日精。据《说文解字》说是从"鞠"字而来，《尔雅》称菊为"治蘠"，《礼记·月令》说"鞠有黄华"，可能都是误传。至于马蔺是紫菊，瞿麦是大菊，乌喙苗是鸳鸯菊，菝葜花是艾菊，和其他窃取菊花名的行为一样，都不值一提。

定品

或问："菊奚先？"曰："先色与香，而后态。""然则色奚先？"曰："黄者中之色，土王季月，而菊以九月花，金土之应，相生而相得者也。其次莫若白，西方金气之应，菊以秋开，则于气为锺焉。陈藏器云：白菊生平泽，花紫者，白之变；红者，紫之变也。此紫所以为白之次，而红所以为紫之次云。有色矣，而又有香；有香矣，而后有态。是其为花之尤者也。"或又曰："花以艳媚为悦，而子以态为后欤？"曰："吾尝闻于古人矣，妍卉繁花为小人，而松竹兰菊为君子，安有君子而以态为悦乎？至于具香与色而又有态，是犹君子而有威仪也。菊有名龙脑者，具香与色而态不足者也。菊有名都胜者，具色与态而香不足者也。菊之黄者未必皆胜而置于前者正其色也，菊之白者未必皆劣而列于中者次其色也。新罗、香球、玉铃之类，则以瓌异而升焉。至于顺圣、杨妃之类，转红受色不正，故虽有芬香，态度不得与诸花争也。然余独以龙脑为诸花之冠，是故君子贵其质焉。后之视此谱者，触类而求之，则意可见矣。"

花总数三十有五品。以品视之，可以见花之高下；以花视之，可以知品之得失。具列之如左云：

有人问："菊花的品质是按照什么排列先后的呢？"答曰："首先是颜色和香气，然后是姿态。""那么色彩之中又是如何排列的？"答曰："黄色是中和之色，象征土王季节，而菊花在九月开放，属金土相应、互相生克的结果。次一点的是白色，它与西方的金气相应，菊花在秋季绽放，因而被视为符合天时地利的良辰美景。据陈藏器说：产于平泽的白菊，能开出紫色的花，这就是白色的变异；开出红花的，则是紫色的变异。因此紫色被视为白色的次品，红色则被视为紫色的次品。菊花有了色彩，还有香气；有了香气，还有姿态。它就属于花中尤物了。"还有人问："花卉是以美艳妩媚为美，那为什么要以姿态为重？"答曰："我曾经从古人那里知道，妍丽繁盛的花是小人，而松树、竹子、兰花、菊花等则是君子。岂有君子以姿态为美的？至于既有香气和色彩，还有姿态，这就像君子有威仪一样。菊花中有名为龙脑的品种，香气和色彩俱佳，但是姿态欠缺。菊花中还有名为都胜的品种，色彩和姿态俱佳，但是香气不足。菊花的黄色并不一定就是最优秀的，但放在第一位可以归正它的色彩；而白色的菊花也未必是最差的。新罗、香球、玉铃等品种，则是以其珍稀程度来决定品次。至于顺圣、杨妃等，颜色偏红但色彩不正，香气虽浓郁，但姿态欠缺，即使香气再浓郁，也无法与其他花相比。因此，我认为龙脑是众花之冠，所以说君子贵在其品质。后来看到这张谱的人，务求触类旁通，这样才能领会其中的真意。"

　　花的品种共有三十五种。从品种上看，可以看出花的高低；从花上看，又可以知道品质的好坏。具体如下：

▪ 龙脑第一

　　龙脑，一名小银台，出京师，开以九月末。类金万铃而叶尖，谓花上叶。色类人间染郁金，而外叶纯白。夫黄菊有深浅色两种，而是花独得深浅之中。又其香气芬烈，甚似龙脑，是花与香色俱可贵也。诸菊或以态度争先者，然标致高远，譬如大人君子，雍容雅淡，识与不识，固将见而悦之，诚未易以妖冶妖媚为胜也。

龙脑菊，又名小银台，产自京城，九月末开花。花形类似金万铃而叶子尖一些，叫作"花上叶"。它的颜色像染上的郁金色，而外侧的叶子则是纯白色。黄菊有深色和浅色之分，而这种花恰恰处于深浅之间。此外，它的香味浓郁，与龙脑花十分相似，因此它的花色和香气都很珍贵。虽然其他菊花可能在形态上比它更出色，但龙脑菊的优美和高贵，像大人君子般从容雅淡，不管认识与否，都很欣赏它，因此不易被妖艳迷人的花超越。

▪ 新罗第二

新罗，一名玉梅，一名倭菊，或云出海外，国中开以九月末。千叶，纯白。长短相次，而花叶尖薄，鲜明莹彻，若琼瑶然。花始开时，中有青黄细叶，如花药之状，盛开之后，细叶舒展，乃始见其药焉。枝正紫色，叶青，支股而小。凡菊类多尖阙，而此花之药分为五出，如人之有支股也，与花相映。标韵高雅，似非寻常之比也。然余观诸菊，开头枝叶有多少繁简之失，如桃花菊，则恨叶多；如球子菊，则恨花繁。此菊一枝多开，一花虽有旁枝，亦少双头并开者，正素独立之意，故详纪焉。

新罗菊，又名玉梅菊或倭菊，有人说它产自海外，在国内九月末开花。它是千叶花，纯白色。长短相间，花叶尖则薄而鲜艳，闪闪发亮，像玉一般美丽。花刚刚开放时，中心会有一些青黄色的细叶，像花蕾一样。盛开时，细叶会展开，这时才能看到花蕾。花枝呈深紫色，叶子是青色的，枝细而小。一般菊花都有成尖的缺口，但这种花的花蕾分为五支，像人的胯部一样，与花朵相映。标志高雅有韵味，不是寻常花朵能的。然而，据我观察，其他菊花的枝头有简繁的区别，像桃花菊叶太多，而球子菊花朵过于繁茂。这种菊花一枝多开，即使有旁枝也很少双头并开，颇有独立自主的意味，所以对它的描述特别详细。

《松菊图》▶
（清）陶甫

▪ 都胜第三

都胜，出陈州，开以九月末。鹅黄，千叶。叶形圆厚，有双纹，花叶大者，每叶上皆有双画直纹，如人手纹状，而内外大小重迭相次蓬蓬然，疑造物者著意为之。凡花形，千叶如金铃则太厚，单叶如大金铃则太薄，惟都胜、新罗、御爱、棣棠，颇得厚薄之中，而都胜又其最美者也。余尝谓，菊之为花，皆以香色态度为尚，而枝常恨粗，叶常恨大，凡菊无态度者，枝叶累之也。此菊细枝少叶，袅袅有态，而俗以都胜目之，其有取于此乎？花有浅深两色，盖初开时色深尔。

都胜菊，产于陈州，九月末开花。花色鹅黄，花瓣千层，叶形圆厚，有双纹路。花叶较大，每叶上有一对笔直的双线条，像人手上的纹路，内外层层叠叠，形态蓬松，似乎是造物主精心设计的。如果花形像金铃一样繁茂，则过于厚重；如果像大金铃一样单薄，则过于稀疏。只有都胜、新罗、御爱、棣棠这几个品种在花瓣厚度上恰到好处，而都胜是其中最美的品种。我曾说过，菊之所以为花，推崇的是香气花色姿态，但很多菊花的枝干过于粗糙，叶子太大，如果没有优美的姿态，就会被枝叶所累。而这种都胜菊，有着纤细的枝干，少而婉约的叶子，优雅迷人，所以人们普遍认为都胜是最好的品种。它的花色有深有浅，只是初开时颜色比较深。

▪ 御爱第四

御爱，出京师，开以九月末，一名笑靥，一名喜容。淡黄，千叶。叶有双纹，齐短而阔，叶端皆有两阙，内外鳞次，亦有瓌异之形，但恨枝干差粗，不得与都胜争先尔。叶比诸菊最小而青，每叶不过如指面大。或云出禁中，因此得名。

御爱菊，产自京师，九月末开花，也叫笑靥、喜容。花色淡黄，花瓣千层，叶子有双纹路，齐短而宽，叶子顶端都有两个小缺口，内外排列有条不紊，也有一些奇异的形状。但它的枝干太粗糙了，以致不能与都胜菊争先。叶子比所有菊花都小且青翠，每片叶子只有指甲盖大小。有人说它产自宫中，因此得名。

▪ 玉球第五

玉球，出陈州，开以九月末。多叶，白花，近蘂微有红色。花外大叶有双纹，莹白齐长，而蘂中小叶如剪茸。初开时有青壳，久乃退去。盛开后小叶舒展，皆与花外长叶相次倒垂。以玉球目之者，以其有圆聚之形也。枝干不甚粗，叶尖长无刓阙，枝叶皆有浮毛，颇与诸菊异。然颜色标致，固自不凡。近年以来，方有此。本好事者竞求，致一二本之直比于常菊盖十倍焉。

玉球菊，产于陈州，九月末开花。花瓣多，花朵为白色，靠近花蕊的地方微红。花外的大叶上有双纹，闪闪发亮，而蕊中的小叶如同剪茸。初开时有青壳，不久便会脱落。盛开时，小叶舒展，与花外的长叶相间倒垂，形状圆圆地聚拢着，这是人们把它称为玉球的原因所在。它的枝干并不粗，叶子尖长而不带毛刺，枝叶上则都带有浮毛，和其他菊花不同，但是它的颜色非常美丽，确实非同寻常。这个品种是近年来才有的，有些爱好者竞相寻求，以至于一两株玉球花比普通菊花的价值高出了十倍。

▪ 玉铃第六

玉铃，未详所出，开以九月中。纯白，千叶。中有细铃，甚类大金铃。菊凡白花中，如玉球、新罗，形态高雅，出于其上。而此菊与之争胜，故余特次二菊，观名求实，似无愧焉。

玉铃菊，产地不详，九月中旬开花，纯白千叶花，中间有像细小的铃铛，很像大金铃菊。在所有的白色菊花中，像玉球、新罗这样形态高雅的，都要排在它前面。这种菊花与玉球相互争胜，因此我特意在这二者之后排上玉玲菊，以名实相符来评判，这样好像当之无愧。

▪ 金万铃第七

金万铃，未详所出，开以九月末。深黄，千叶。菊以黄为正，而铃以金为质。是菊正黄色而叶有铎形，则于名实两无愧也。菊有花密枝褊者，人间谓之鞍子菊，实与此花一种，特以地脉肥盛使之然尔。又有大万铃、大金铃、蜂铃之类，或形色不正，比之此花，特为窃有其名也。

金万铃菊，产地不详，九月末开花，深黄千叶花。在所有的菊花中，黄色最常见，而铃以金色为质朴。这种菊花花色正黄，叶子有铎形，名实两不愧。有些人把花密枝褊的菊花称为鞍子菊，实际上与金万铃是同一种，只是因为长在肥沃的土壤而呈现出这样的形态。此外，还有大万铃、大金铃、蜂铃等多个品种，有些虽然形态或颜色不正，与金万铃相比，只是偷用了它的名字罢了。

淡收李毫古貌翔鳳似
拂之壁水蕅教

《玩菊图》
（明）陈洪绶
收藏于中国台
北故宫博物院

▪ 大金铃第八

大金铃，未详所出，开以九月末。深黄有铃者，皆如铎铃之形，而此花之中实，皆五出细花，下有大叶承之。每叶之有双纹，枝与常菊相似，叶大而疏，一枝不过十余叶。俗名大金铃，盖以花形似秋万铃尔。

大金铃菊，产地不详，九月末开花。花的颜色深黄，形状类似铎铃，但其内部由五朵小花组成，下面有大叶子托住。每个叶子上有两条线纹，枝干形状类似于常见的菊花，叶子大且稀疏，一枝通常只有十几片叶子。这种花通常被称为大金铃，因为它的花形与秋万铃相似。

▪ 银台第九

银台，深黄，万银铃。叶有五出，而下有双纹白叶。开之初，疑与龙脑菊一种，但花形差，大且不甚香耳。俗谓龙脑菊为小银台，盖以相似故也。枝干纤柔，叶青黄而粗疏。近出洛阳水北小民家，未多见也。

银台菊，颜色深黄，又称万银铃。花瓣有五片，下面有白色的双线纹叶子。花初开时，与龙脑菊相似，但花形不同，花较大且不是很香。龙脑菊俗称小银台，可能因为太像了。银台菊的枝干柔软，叶子呈青黄色且较粗糙。这种花出自靠近洛阳水北的小民家，并不常见。

《采菊图》▶
（明）唐寅　收藏于中国台北故宫博物院

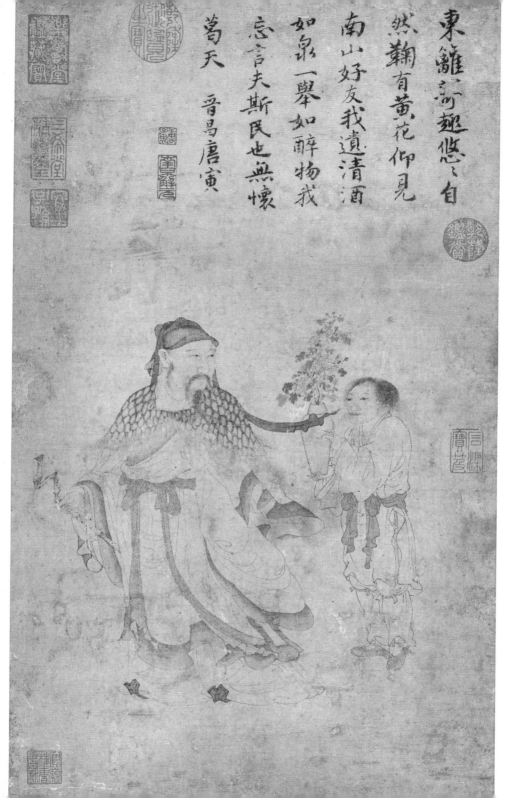

東籬有佳趣悠悠自
然鞠有黃花仰見
南山好友我遺清酒
如泉一舉如醉物我
忘言夫斯民也無懷
葛天　晉昌唐寅

▪ 棣棠第十

棣棠，出西京，开以九月末。深黄。双纹多叶，自中至外，长短相次，如千叶棣棠状。凡黄菊，类多小花，如都胜、御爱，虽稍大而色皆浅黄，其最大者若大金铃菊，则又单叶浅薄，无甚佳处。唯此花深黄多叶，大于诸菊，而又枝叶甚青，一枝聚生至十余朵，花叶相映，颜色鲜好，甚可爱也。

棣棠菊，出自西京，九月末开花，颜色深黄，多双纹花瓣，自中而外长短相间，形状类似千叶棣棠。黄菊通常有许多小花，如都胜、御爱等，虽然稍大但颜色都是浅黄色，其中最大的是大金铃菊，但它单叶而浅薄，没有太多亮点。唯有棣棠菊颜色深黄，叶子大且繁茂，花朵比其他菊花更大，枝叶呈深绿色，一枝上能有十几个花朵和叶子，相互映衬，色彩鲜艳，非常可爱。

▪ 蜂铃第十一

蜂铃，开以九月中。千叶，深黄，花形圆小而中有铃。叶拥聚蜂起，细视若有蜂窠之状。大抵此花似金万铃，独以花形差小而尖，又有细蕊出铃叶中，以此别尔。

蜂铃菊，九月中旬开花，花瓣千叶，颜色深黄，花形圆小而中间有凸起的铃状。叶子聚拢在一起，细看有点像蜂巢的样子。总的来说，这种花与金万铃相似，但花形小而尖，叶子中间有细长的花蕊，因此可以通过这些特征来区分它们。

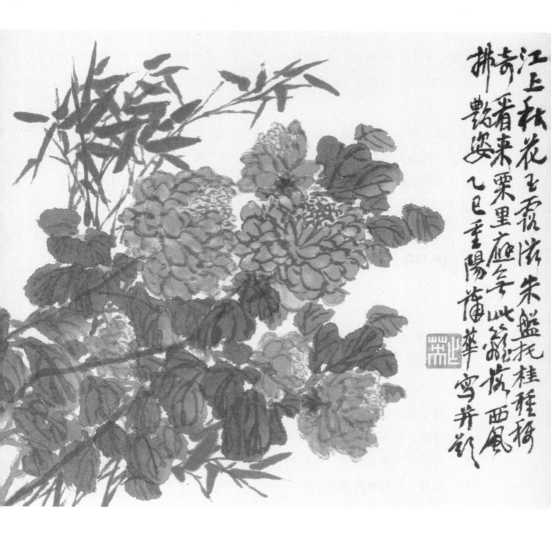

《竹菊花图》
（清）蒲华

▪ 鹅毛第十二

鹅毛，未详所出，开以九月末。淡黄纤细，如毛生于花萼上。凡菊大率花心皆细叶，而下有大叶承之，间谓之托叶。今比毛花自内至外叶皆一等，但长短上下有次尔，花形小于金万铃。亦近年新花也。

鹅毛菊，产地不详，九月末开花。花朵纤细呈淡黄色，像毛长在花萼上。菊花大多有细叶花心，下面有大叶子托住，有时称为托叶。而鹅毛花从内到外所有叶子都一样，只是长短和上下位置各有不同，花形比金万铃小。这也是近年来的新品种。

▪ 球子第十三

球子，未详所出，开以九月中。深黄，千叶。尖细重迭，皆有伦理。一枝之杪聚生百余花，若小球。诸菊黄花最小无过此者，然枝青叶碧，花色鲜明，相映尤好也。

球子菊，产地不详，九月中旬开花。花色深黄，花瓣层层叠叠，尖形而纤细，排列有序。每枝花上有上百朵，像小球一样。众多黄色菊花中，没有比它更小的了，但它的枝干翠绿，叶子碧绿，花色鲜艳，花叶相互映衬，显得格外美丽。

· 夏金铃第十四

夏金铃，出西京，开以六月。深黄，千叶。甚与金万铃，相类而花头瘦小，不甚鲜茂，盖以生非时故也。或曰：非时而花失其正也，而可置于上乎？曰：其香是也，其色是也，若生非其时，则系于天者也，夫特以生非其时而置之诸菊之上，香色不足论矣，奚以贵质哉？

夏金铃菊，产自西京，开花时间在六月，花色深黄，花瓣层层叠叠，与金万铃相似，但花朵较小，不如金万铃那样繁茂，可能是因为它开花的时候并不适宜。有人说：如果不在适宜的时节开放，花就会失去正常状态，还能算上品吗？回答说：它的香气和花色仍旧如故。如果它的生长时节不对，这是上天的安排，如果因为生非其时而特意将其排在诸菊之上，香气和花色却不值得一提，还怎能以品质相论呢？

· 秋金铃第十五

秋金铃，出西京，开以九月中。深黄，双纹，重叶。花中细蘂，皆出小铃萼中。其萼亦如铃叶，但比花叶短阔而青，故谱中谓铃叶、铃萼者，以此有如蜂铃状。余顷年至京师，始见此菊，戚里相传，以为爱玩。其后菊品渐盛，香色形态往往出此花上，而人之贵爱寝落矣。然花色正黄，未应便置诸菊之下也。

秋金铃菊，产自西京，九月中旬开花。花色深黄，花瓣双纹重叠。花朵中的细蕊都是从小铃萼中长出来的，它的萼片像铃叶一样，但花瓣更短而宽，叶色翠绿，就像蜂铃一样，因此谱中称之为铃叶、铃萼。不久前我去京城，第一次见到了这种菊花，家族相传，把它当作珍爱的赏玩之物。后来，菊花品种日益繁盛，香气、花色、姿态常常比它好，人们逐渐不那么喜欢它了。虽然花色正黄，但它不该排在诸菊之后。

▪ 金钱第十六

金钱，出西京，开以九月末。深黄，双纹，重叶。似大金菊而花形圆齐，颇类滴漏花（栏槛处处有，亦名滴滴金，亦名金钱子）。人未识者，或以为棣棠菊，或以为大金铃，但以花叶辨之，乃可见尔。

金钱菊，产自西京，九月末开花，花色深黄，花瓣双纹重叠。花形类似大金菊但更加圆齐，与滴漏花相似（在栏杆上随处可见，也叫滴滴金或金钱子）。不认识的人，可能会把它误认为棣棠或大金铃，但通过观察花叶就能辨认出它的品种。

▪ 邓州黄第十七

邓州黄，开以九月末。单叶，双纹，深于鹅黄而浅于郁金。中有细叶，出铃萼上，形样甚似邓州白，但小差尔。按：陶隐居云：南阳郦县有黄菊而白者，以五月采。今人间相传多以白菊为贵，又采时乃以九月，颇与古说相异。然黄菊味甘气香，枝干叶形全类白菊，疑乃弘景所记尔。

邓州黄菊，九月末开花，花叶单层，双纹，花色比鹅黄深但比郁金浅。中间有细小的花叶在铃萼上生长，形状很像邓州白菊，但稍有差别。

编者按：据陶弘景说南阳郦县有一种白色的黄菊，在五月采摘。如今人们都认为白菊珍贵，采摘的时间是九月，这与古代的说法有些不同。然而，黄菊味道甘美，花香扑鼻，枝干和叶子的形状也和白菊非常相似，我怀疑陶弘景记载的是黄菊。

▪ 蔷薇第十八

蔷薇，未详所出，九月末开。深黄，双纹，单叶。有黄细蕊出小铃萼中，枝干差细，叶有支股而圆。今蔷薇有红黄千叶、单叶两种，而单叶者差淡，人间谓之野蔷薇，盖以单叶者尔。

蔷薇菊，产地不详，九月末开花。花色深黄，花瓣单层，双纹。在小铃萼中会长出黄色的小蕊，枝干相对较细，叶子有支股并呈圆形。现在的蔷薇菊有红黄千叶和单叶两种，其中单叶的差异较小，被称为野蔷薇。

▪ 黄二色第十九

黄二色，九月末开。鹅黄，双纹，多叶。一花之间自有深淡两色。然此花甚类蔷薇菊，惟形差小，又近蕊多有乱叶，不然，亦不辨其异种也。

黄二色菊，九月末开花，花色鹅黄，双纹，花叶较多。一朵花中会有深浅两种颜色。然而，这种花与蔷薇菊很像，只是花的形状较小，靠近花蕊的地方多生有乱叶，否则就很难将它们区分开了。

▪ 甘菊第二十

甘菊，生雍州川泽，开以九月。深黄，单叶。闾巷小人且能识之，固不待记而后见也。然余窃谓古菊未有瓌异如今者，而陶渊明、张景阳、谢希逸、潘安仁等或爱其香，或咏其色，或采之于东篱，或泛之于酒斝，疑皆今之甘菊花也。夫以古人赋咏赏爱至于如此，而一旦以今菊之盛，遂将弃而不取，是岂仁人君子之于物哉？故余特以甘菊置于白紫红菊三品之上，其大意如此。

甘菊，生长在雍州的川泽之中，九月开花。花色深黄，单叶花。即使是闾巷小人也能轻松认出它，无须特意记忆就能辨认。不过我认为，古代的菊花里可能没有现在这样的品种，陶渊明、张景阳、谢希逸、潘安仁等人，有的爱它的香气，有的歌颂它的色彩，有的在东篱下采摘它，有的将其浸泡在酒中品尝，这些可能都是今天的甘菊花。古人如此热爱并赋诗赞美它，而有一天因菊花繁盛，于是选择放弃它，不采不取，这可不是仁人君子对待事物的态度。因此，我特将甘菊置于白紫红菊三品之上，正是出于这样的考虑。

▪ 荼蘼第二十一

荼蘼，出相州，开以九月末。纯白，千叶。自中至外，长短相次，花之大小正如荼蘼，而枝干纤柔，颇有态度。若花叶稍圆，加以檀蕊，真荼蘼也。

荼蘼菊，产于相州，九月末开花。颜色纯白，属千叶花，从里到外，长短错落有致，花的大小正好像荼蘼一样，而枝干纤细柔软，姿态优美。如果花叶稍圆，再加上浅红色的花蕊，那就是真正的荼蘼花了。

▪ 玉盆第二十二

玉盆，出滑州，开以九月末。多叶，黄心，内深外淡。而下有阔白大叶，连缀承之，有如盆盂中盛花状。然人间相传，以谓玉盆菊者，大率皆黄心碎叶，初不知其得名之由，后请疑于识者，始以真菊相示。乃知物之见名于人者，必有形似之实，非讲寻无倦，或有所遗尔。

玉盆菊，产于滑州，九月末开花。花瓣多，黄色花心，内深外淡，下方有阔白的大叶子，连缀在一起，看起来就像是花盆中盛放的花朵一样。然而，人们常说玉盆菊是指大多数黄心碎叶的菊花，一开始不知道它的名字是怎么来的，后来请教了懂行的人，才真正认识了它。这说明人们给事物的命名，一定是基于其形态相似而得名，并非经过不懈怠的考证，有时也会有所遗漏。

▪ 邓州白第二十三

邓州白，九月末开。单叶，双纹，白花。中有细蕊，出铃萼中。凡菊，单叶如蔷薇菊之类，大率花叶圆密相次，而此花叶皆尖细，相去稀疏，然香比诸菊甚烈，而又正为药中所用。盖邓州菊潭所出，尔枝干甚纤柔，叶端有支股而长，亦不甚青。

邓州白菊，九月末开花，花瓣是单层的，有双重花纹，花为白色。花的中心，有细长的花蕊从铃萼中长出来。菊花普遍为单瓣，像蔷薇菊一样，花瓣大多呈圆形，密集排列。而邓州白菊的花瓣尖而细，彼此间距离较远，但是它的香味比一般的菊花浓烈，因此也被用来入药。这种菊花产自邓州的菊潭，其枝干非常纤细柔软，叶子尖端向外伸展，颜色也不是很深。

▪ 白菊第二十四

白菊，单叶，白花。蘂与邓州白相类，但花叶差阔，相次圆密，而枝叶粗繁。人未识者，多谓此为邓州白，余亦信以为然，后刘伯绍访得其真菊，较见其异，故谱中别开邓州白而正其名，曰白菊。

白菊，单叶，白花。它的花蕊与邓州白菊类似，但是花瓣之间较宽，密集排列呈圆形，而且它的枝叶粗糙繁茂。不认识的人，多会误以为它是邓州白菊，我原也这样认为，后来刘伯绍找到了真正的白菊，比较之后发现了它的不同，于是我便在谱中将其与邓州白区分开，也更正它的名称，叫白菊。

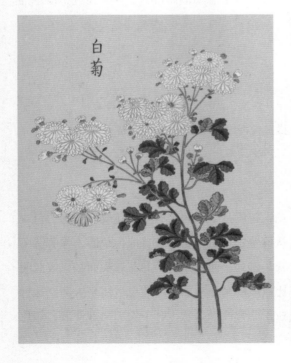

白菊
选自《庶物类纂图翼》日本江户时期绘本　［日］户田祐之　收藏于日本内阁文库

银盆第二十五

银盆，出西京，开以九月中。花中皆细铃，比夏、秋万铃差疏，而形色似之。铃叶之下，别有双纹白叶，故人间谓之银盆者，以其下叶正白故也。此菊近出，未多见。至其茂肥得地，则一花之大有若盆者焉。

银盆菊，产自西京，九月中旬开花。它的花瓣都是细小的铃铛状，比夏天和秋天的万铃菊要稀疏，但形态颜色相似。铃叶下面还另有双重花纹的白叶，下面的花瓣是正白色的，因此人们称之为银盆菊。这种菊花是近来才开始出现的，还不常见。如果环境适宜和土壤肥沃，它可以开出盆状的大花朵。

顺圣浅紫第二十六

顺圣浅紫，出陈州、邓州，九月中方开。多叶，叶比诸菊最大。一花不过六七叶，而每叶盘迭凡三四重。花叶空处，间有筒叶辅之，大率花形枝干类垂丝棠，但色紫花大尔。余所记菊中，惟此最大，而风流态度又为可贵，独恨此花非黄白，不得与诸菊争先也。

顺圣浅紫菊，产于陈州和邓州，九月中旬开花。花瓣多，花叶在所有菊花中最大。每朵花不过六七片叶子，但每片叶子又盘叠成三四层。花的空隙中有筒状叶子相辅，大多数的花形和枝干都类似于垂丝棠，但它们是紫色的，花也大得多。在我所记录的菊花中，这是最大的一种，而且它的优雅姿态也很难得，只可惜它不是黄色或白色的，否则就可以和其他菊花一较高下了。

▪ 夏万铃第二十七

夏万铃，出鄜州，开以五月。紫色，细铃。生于双纹大叶之上，以时别之者，以有秋时紫花故也。或以菊皆秋生花，而疑此菊独以夏盛。按：灵寶方曰：菊花紫白；又陶隐居云：五月采。今此花紫色而开于夏时，是其得时之正也，夫何疑哉？

夏万铃菊，产于鄜州，五月开花，花是紫色的细铃形，生长在双纹大叶上，可以通过季节来区别，因为还有一种在秋天开放的类似紫花。有人认为所有的菊花都是秋天开花的，但我怀疑这种菊花很可能只在夏季盛开。《灵寶方》中说"菊花紫白"，陶弘景也曾经说过"五月采"。这种夏季开花的紫色菊花，现在正是其适时盛开的时候，还有什么疑问呢？

▪ 秋万铃第二十八

秋万铃，出鄜州，开以九月中。千叶，浅紫。其中细叶尽为五出铎形，而下有双纹大叶承之。诸菊如棣棠，是其最大，独此菊与顺圣过焉。或云：与夏花一种，但秋夏再开尔。今人间起草为花，多作此菊，盖以其瓌美可爱故也。

秋万铃菊，产于鄜州，九月中旬开花，浅紫色千叶花。其中细的花叶都是五出铎形的，而下方有双纹大叶来承接。棣棠是诸菊中最大的菊花，只有此菊和顺圣菊能超过。有人说它和夏季开花的万铃花是同一种花，只是在夏季和秋季都开花而已。如今很多人都种植了这种菊花，大概是因为它的美丽和可爱吧。

▪ 绣球第二十九

绣球，出西京，开以九月中。千叶，紫花。花叶尖阔，相次聚生，如金铃。菊中铃叶之状，大率此花似荔枝菊花，中无筒叶，而萼边正平尔。花形之大，有若大金铃菊者焉。

绣球菊，出自西京，九月中旬开花，花瓣层层叠叠，花为紫色。花瓣叶子又尖又宽，相互聚集，像金铃一样。花中的铃叶类似荔枝菊，中间没有筒叶，而花萼边平直。它的花朵形状很大，大小像大金铃菊一样。

▪ 荔枝第三十

荔枝，枝紫，出西京，九月中开。千叶，紫花。叶卷为筒，大小相间。凡菊，铃并蕊皆生托叶之上，叶背乃有花萼与枝相连，而此菊上下左右攒聚而生，故俗以为荔枝者，以其花形正圆故也。花有红者，与此同名，而纯紫者盖不多尔。

荔枝菊，花枝是纯紫色，出自西京，九月中旬开花。花瓣层层叠叠，花色为紫色，叶子卷曲成筒形，大小相间。所有的菊花中，铃叶和花蕊一般都长在托叶上面，叶背有花萼和枝干相连，但这种菊花上下左右密集生长，正是由于花朵形状正圆的缘故，所以被称为荔枝花。还有一种红色花，与这种花同名，但是纯紫色的并不多见。

▪ 垂丝粉红第三十一

垂丝粉红，出西京，九月中开。千叶。叶细如茸，攒聚相次，而花下亦无托叶。人以垂丝目之者，盖以枝干纤弱故也。

垂丝粉红菊，出自西京，九月中旬开花。花瓣层层叠叠，像细毛一样，密集聚集，而且花下也没有托叶，人们称其为垂丝花，因为它的枝干很纤细，很像垂下来的丝线。

▪ 杨妃第三十二

杨妃，未详所出，九月中开。粉红，千叶。散如乱茸而枝叶细小，袅袅有态，此实菊之柔媚为悦者也。

杨妃菊，产地不详，九月中旬开花，花是粉红色的，花瓣层层叠叠，花朵像散乱的茸毛一样，枝叶细小，摇曳有姿态，真是展现了菊花的柔媚之态。

▪ 合蝉第三十三

合蝉，未详所出，九月末开。粉红。筒叶，花形细者与藁杂比，方盛开时筒之大者裂为两翅，如飞舞状。一枝之杪凡三四花，然大率皆筒叶，如荔枝菊。有蝉形者，盖不多尔。

合蝉菊，产地不详，九月末开花，花色为粉红色，花瓣呈筒状，其中细长的与花蕊混杂。盛开时，筒状花瓣中较大的会分裂成两个翅膀，像在飞舞一样，一枝的顶端通常会开放三到四朵花，但大多数的花瓣都是筒状，类似于荔枝菊，也有蝉状的花瓣，但数量不多。

▪ 红二色第三十四

红二色，出西京，开以九月末。千叶，深淡红。丛有两色，而花叶之中间生筒叶，大小相映。方盛开时，筒之大者裂为二三，与花叶相杂比，茸茸然。花心与筒叶中有青黄红蕊，颇与诸菊相异。然余怪桃花、石榴、川木瓜之类，或有一株异色者，每以造物之付受有不平欤，抑将见其巧欤。今菊之变其黄白而为粉红深紫，固可怪。而又一株亦有异色并生者也，是亦深可怪欤。花之形度无甚佳处，特记其异尔。

红二色菊，产自西京，九月末开花。花瓣层层叠叠，颜色深浅不一。花丛会有两种颜色，中心部分长着筒状花瓣，大小相当。盛开时，花瓣中较大的筒状部分会分裂成两三个，混合在花瓣中间，呈现出毛茸茸的样子。花心和筒状花瓣中间有青、黄、红三色的花蕊，与其他菊花不同。我喜欢桃花、石榴、川木瓜等花，其中可能有一株是异色的，每当看到它，就觉得造物主不公平，刻意压制了它的巧妙之处。现在菊花也会变成粉红色和深紫色，而不只是黄白色，这确实让我感到惊疑。但是，另外一株异色的菊花也开了，它的颜色也很令人惊讶。虽然花的形状并不出众，但我特别记录了它的不同之处。

▪ 桃花第三十五

桃花，粉红。单叶中有黄蕊，其色正类桃花，俗以此名，盖以言其色尔。花之形度虽不甚佳，而开于诸菊未有之前，故人视此菊如木中之梅焉。枝叶最繁密，或有无花者，则一叶之大踰数寸也。

桃花菊是粉红色，单叶中有黄色的花蕊，颜色正如桃花，因此得名。虽然花的形状并不是很美，但在所有菊花中开放的时间最早，所以人们将此菊视为木中的梅花一般。这种菊花的枝叶最为繁茂，有时即使没有开花，叶子的大小也可超过数寸。

◀《元人养菊图》
佚名　收藏于中国台北故宫博物院

《霜菊秋罗》▶
（清）邹一桂　收藏于中国台北故宫博物院

123

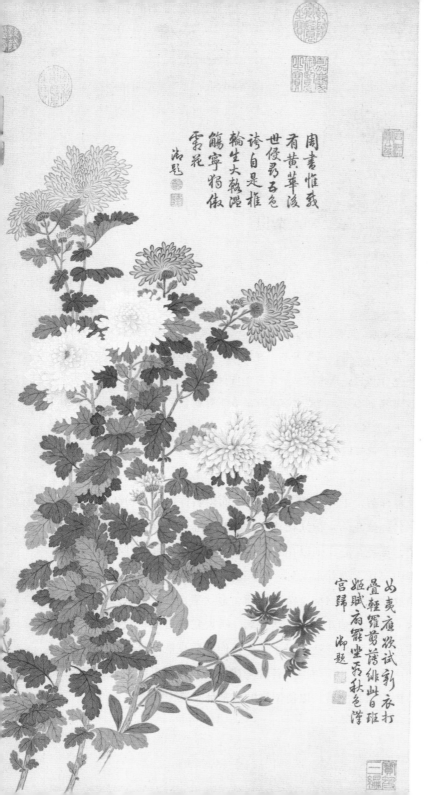

周書惟載
有黃華後
世侵多石色
誇自是推
輪生大軟濃
餱寧羾傲
雲花
御題

為夷催欲試新衣打
疊輕羅剪蒨緋妲日班
姬賦府羅坐吞秋色澄
宮歸 御題

杂记

▪ 叙遗

　　余闻有麝香菊者，黄花，千叶，以香得名；有锦菊者，粉红，碎花，以色得名；有孩儿菊者，粉红，青萼，以形得名；有金丝菊者，紫花，黄心，以蘂得名。尝访于好事，求于园圃，既未之见。而说者谓孩儿菊与桃花一种，又云种花者剪揢为之。至锦菊、金丝，则或有言其与别名非菊者。若麝香菊，则又出阳翟洛人，实未之见。夫既已记之，而定其品之高下，又因传闻附会而乱其先后之次，是非余谱菊之意，故特论其名色列于记花之后，以俟博物之君子证其谬焉。

　　我听说麝香菊，千叶黄花，是以香气而得名；锦菊，粉红碎花，是以花色而得名；孩儿菊，粉红花，青绿色的萼片，是以花形而得名；金丝菊，紫花，黄色花心，则以花蕊而得名。我曾寻访善于种花的人，去他们的园圃中寻找，但并未见到。有人说，孩儿菊与桃花菊是一种，还有人说种植这些花需要剪揢。至于锦菊、金丝菊，则有人认为它们是其他花的别名，并非指菊花。至于麝香菊，听说它产自阳翟或洛阳，但实际上我从未见过。既然已经记录了这些，但品质高低的排名会因为流言蜚语而混淆次序。我并不想混淆各种菊花的品质，所以特别记下它们的名称和颜色放在众花之后，以待博物的人来证实其中的错误。

▪ 补意

余尝怪古人之于菊，虽赋咏嗟叹尝见于文词，而未尝说其花瑰异如吾谱中所记者，疑古之品未若今日之富也，今遂有三十五种。又尝闻于莳花者云，花之形色变易如牡丹之类，岁取其变者以为新，今此菊亦疑所变也。今之所谱，虽自谓甚富，然搜访所有未至，与花之变易后出，则有待于好事者焉，君子之于文，亦阙其不知者斯可矣。若夫掇撷治疗之方，栽培灌种之宜，宜观于方册，而问于老圃，不待予言也。

古人对菊花的评价曾让我深感困惑，虽有一些颂扬的诗词文赋，但从未提到菊花与我菊谱中记录的品种在花色和形状上的不同，我猜那时的品种可能不如今天丰富，现在已经有三十五种了。我曾听插花的人说，菊花和牡丹一样，形色会随着时间而变化，现在的菊花大概是改变之后的品种吧。我这里所列的菊花，虽然自认为已经很丰富了，但是肯定还有很多未被发现的品种，或者是改变后产生的新品种，这就需要懂花卉的人继续探索研究，对于空缺的内容，君子们借鉴以往的文字记录就可以了。至于治疗、栽培和灌溉技巧，可以查阅专门的书籍，或者向老园丁请教，不必听从我的建议。

▪ 拾遗

黄碧、单叶两种，生于山野篱落之间，宜若无足取者。然谱中诸菊多以香色态度为人爱好，剪鉏移徙或至伤生，而是花与之均赋一性，同受一色，俱有此名，而能远迹山野，保其自然，固亦无羡于诸菊也。余嘉其大意，而收之又不敢杂置诸菊之中，故特列之于后云。

黄碧菊和单叶菊，生长于山野篱落之间，没有人会特意去采摘。然而，在谱中介绍的许多菊花品种中，人们都喜欢以香味、色彩和姿态为选择标准，这些菊花经常被修剪、移植，有时还会受到伤害，因为黄碧菊和单叶菊也有这些特性、色彩，因此，也享有菊这个名称。由于它们生长在山野之间，保持了自然的状态，因此也不会被人们嫉妒。虽然我很喜欢黄碧菊和单叶菊，但我不敢将它们杂置在其他菊花之中，因此特别将它们列在后面。

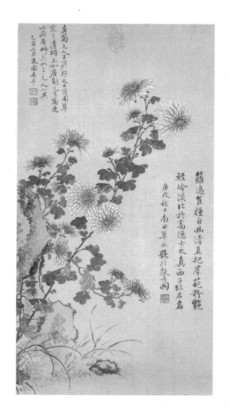

◀《菊花》
（清）汪承沛　收藏于中国台北故宫博物院

▲《菊花》
（清）恽寿平　收藏于中国台北故宫博物院

周書惟戴
有黄華後
世侵弱石色
諸自是椎
輪生大輆涇
觴寧猶傲
雲花
治苞

史氏菊谱

[南宋] 史正志 撰

菊，草属也，以黄为正，所以概称黄花。汉俗，九日饮菊酒以祓除不祥。盖九月律中无射而数九，俗尚九日而用时之草也。南阳郦县有菊潭，饮其水者皆寿。《神仙传》有康生，服其花而成仙。菊有黄华，北方用以准节令，大略黄华开时，节候不差。江南地暖，百卉造作无时，而菊独不然。考其理，菊性介烈高洁，不与百卉同其盛衰，必待霜降草木黄落而花始开，岭南冬至始有微霜故也。《本草》："一名曰精，一名周盈，一名傅延年。"所宜贵者，苗可以菜，花可以药，囊可以枕，酿可以饮。所以高人隐士，篱落畦圃之间，不可一日无此花也。陶渊明植于三径，采于东篱，浥露掇英，泛以忘忧。钟会赋以五美，谓"圆华高悬，准天极也；纯黄不杂，后土色也；早植晚登，君子德也；冒霜吐颖，象劲直也；杯中体轻，神仙食也"。其为所重如此。然品类有数十种，而白菊一二年多有变黄者。余在二水植大白菊百余株，次年尽变为黄花。今以色之黄白及杂色品类可见于吴门者，二十有七种，大小颜色殊异而不同。自昔好事者为牡丹、芍药、海棠、竹笋作谱记者多矣，独菊花未有为之谱者，殆亦菊花之阙文也钦！余姑以所见为之。若夫耳目之未接，品类之未备，更俟博雅君子与我同志者续之。今以所见具列于后。

菊花属于草本植物，以黄色为正色，因此也被称为黄花。在汉族的习俗中，每年九月初九都会饮用菊花酒以祓除不祥之气。这是因为九月在二十四节气中是无"射"之节，而数目恰好为九，所以民间在重阳节有用菊花的习惯。在南阳郦县有一个叫作"菊潭"的地方，饮用这里的水能延年益寿。在《神仙传》中，有一个名叫康生的人，服用菊花后成了仙人。菊花有黄色花瓣，北方地区用它来确定节令，一般在黄花开放时，与节令气候相差无几。而江南地区气候温暖，各种植物随时生长，但菊花却不同。究其原因，是因为菊花性格刚烈高洁，只有等到草木开始变黄，落叶霜降后，才会开花，这也是在岭南地区冬至才有微霜的原因。《神农本草经》中记载："一名曰精，一名周盈，一名傅延年。"喜欢它的原因是，苗可以作蔬菜食用，花可以用作药材，囊可以做枕，酿造后可以做酒。所以，高人隐士的篱落和菜园之间，一天都不能没有这种花。陶渊明在三径上种植它，采摘它于东边的篱笆下，用露水洗净，放在杯中品尝，以此忘却忧愁。钟会在他的赋作中称它为"五美"，"圆华高悬，准天极也；纯黄不杂，后土色也；早植晚登，君子德也；冒霜吐颖，象劲直也；杯中体轻，神仙食也"。足见钟会对它的重视。然而，菊花的品种有几十种，很多白菊一两年后会变成黄色。我在三水种了一百多株大白菊，第二年全都变成了黄花。现在吴门地区可以看到二十七种颜色、大小、花形都不同的黄白相间和杂色的菊花。自古以来，作谱记录牡丹、芍药、海棠、竹笋等植物的人有很多，只有菊花还未被记录，这对菊花而言是一种损失！我来记录一下目前见过的所有品种。如果有遗漏的品种，还请雅致的君子继续记录。现在，我将见到的品种详细地写在后面。

黄

▪ 大金黄

大金黄，心密，花瓣大如大钱。

大金黄花，花心紧密，花瓣像大钱一样大。

▪ 小金黄

小金黄，心微红，花瓣鹅黄，叶翠，大如众花。

小金黄花，花心微红，花瓣是鹅黄色的，叶子翠绿，和其他花一样大。

▪ 佛头菊

佛头菊，无心，中边亦同。

佛头菊，没有花心，中间和边缘部分和其他花一样。

▪ 小佛头菊

小佛头菊，同上微小。又云叠罗黄。

小佛头菊，和佛头菊一样微小。又叫叠罗黄。

- **金墩菊**

  金墩菊，比佛头颇瘦，花心微洼。

  金墩菊，比佛头菊瘦小，花心略微下洼。

- **金铃菊**

  金铃菊，心微青红，花瓣鹅黄色，叶小。又云明州黄。

  金玲菊，花心微微泛青红，花瓣是鹅黄色的，花叶小。又叫作明州黄。

- **深色御袍黄**

  深色御袍黄，心起突，色如深鹅黄。

  深色御袍黄，中心突起，颜色与深鹅黄一样。

- **浅色御袍黄**

  浅色御袍黄，千瓣，初开，深鹅黄，而差疏瘦，久则成浅黄。

  浅色御袍黄，有一千多花瓣，初开为深鹅黄色，慢慢的就整体变差，花瓣稀疏使得花骨朵看起来很瘦，时间久了就会变成浅黄色。

- **金钱菊**

  金钱菊，心小，花瓣稀。

金钱菊，花心小，花瓣稀疏。

▪ 球子黄

球子黄，中边一色，突起如球子。

球子黄，花中和边缘颜色一样，有球子状突起。

▪ 棣棠菊

棣棠菊，色深黄如棣棠状，比甘菊差大。

棣棠菊，颜色之深颜色之黄如同棣棠一样，花比甘菊大好多。

▪ 甘菊

甘菊，色深黄，比棣棠颇小。

甘菊，花色深黄，比棣棠花小。

▪ 野菊

野菊，细瘦，枝柯凋衰，多野生，亦有白者。

野菊花，枝形细瘦，枝条调零，以野生居多，也有开白花的品种。

白

- ## 金盏银台

  金盏银台，心突起，瓣黄，四边白。

  金盏银台，花心突起，花瓣为黄色，四边边缘为白色。

- ## 楼子佛顶

  楼子佛顶，心大突起，似佛顶，四边单叶。

  楼子佛顶，花心大而突起，形似佛顶，四边为单叶。

- ## 添色喜容

  添色喜容，心微突起，瓣密且大。

  添色喜容，花心微微突起，花瓣密集且硕大。

- ## 缠枝菊

  缠枝菊，花瓣薄，开过转红色。

  缠枝菊，花瓣单薄，开放后变为红色。

- **玉盘菊**

  玉盘菊，黄心突起，淡白缘边。

  玉盘菊，花心黄色突起，边缘为淡白色。

- **单心菊**

  单心菊，细花心，瓣大。

  单心菊，花心丝嫩，花瓣硕大。

- **楼子菊**

  楼子菊，层层状如楼子。

  楼子菊，花瓣层层叠叠像楼子一样。

- **万铃菊**

  万铃菊，心茸茸突起，花多半开者如铃。

  万玲菊，花心有茸茸状突起，大多的花半开如同铃铛一样。

- **脑子菊**

  脑子菊，花瓣微皱缩，如脑子状。

  脑子菊，花瓣微微皱缩，形状像人的脑子。

■ **荼蘼菊**

荼蘼菊，心青黄微起，如鹅黄，色浅。

荼蘼菊，花心青黄微微突起，如同鹅黄一样，颜色浅。

杂色红紫

■ **十样菊**

十样菊，黄白杂样，亦有微紫，花头小。

十样菊，花色黄白交杂，也有微微偏紫的，花头细小。

■ **桃花菊**

桃花菊，花瓣全如桃花，秋初先开，色有浅深，深秋亦有白者。

桃花菊，花瓣如同桃花一样，初秋时首先开放，颜色深浅不一，在深秋是也有白花出现。

■ **芙蓉菊**

芙蓉菊，状如芙蓉，亦红色。

芙蓉菊，形状如同芙蓉，也是红色的。

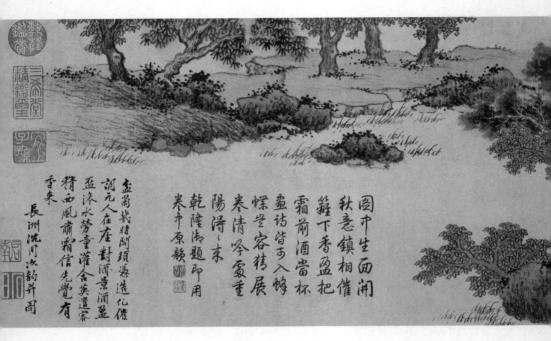

- **孩儿菊**

孩儿菊，紫萼白心，茸茸然，叶上有光，与他菊异。

孩儿菊，紫色花萼白色花心，上面有茸毛，叶面反光，与其他菊花不同。

- **夏月佛顶菊**

夏月佛顶菊，五六月开，色微红。

夏月佛顶菊，五六月的时候开放，颜色微红。

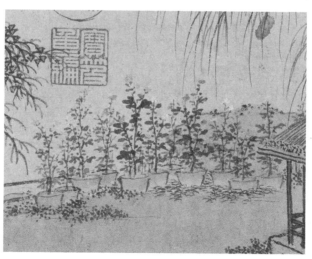

《盆菊幽赏图》
（明）沈周　收藏于辽宁省博物馆

后序

　　菊之开也，既黄白深浅之不同，而花有落者，有不落者。盖花瓣结密者不落，盛开之后，浅黄者转白，而白色者渐转红，枯于枝上。花瓣扶疏者多落，盛开之后，渐觉离披，遇风雨撼之，则飘散满地矣。王介甫武夷诗云："黄昏风雨打园林，残菊飘零满地金。"欧阳永叔见之，戏介甫曰："秋花不落春花落，为报诗人子细看。"介甫闻之笑曰："欧阳九不学之过也。岂不见《楚辞》云：'夕餐秋菊之落英。'"东坡，欧公门人也，其诗亦有"欲伴骚人赋落英"，与夫"却绕东篱嗅落英"，亦用《楚辞》语耳。王彦宾言："古人之言有不必尽循者，如《楚辞》言秋菊落英之语。"余谓诗人所以多识草木之名，盖为是也。欧王二公文章擅一世，而左右佩纫，彼此相笑，岂非于草木之名犹有未尽识之，而不知有落有不落者耶？王彦宾之徒又从而为之赘疣，盖益远矣。若夫可餐者，乃菊之初开，芳馨可爱耳。若夫衰谢而后落，岂复有可餐之味？《楚辞》之过，乃在于此。或云《诗》之《访落》，以落训始也，意落英之落，盖谓始开之花耳。然则介甫之引证，殆亦未之思钦。或者之说，不为无据，余学为老圃而颇识草木者，因并书于《菊谱》之后。淳熙岁次乙未闰九月望日，吴门老圃叙。

　　菊花开放时，其颜色黄白各异，深浅不同。有些花瓣会脱落，而有些则不会。通常花瓣结得密实的不易脱落，当花盛开之后，浅黄色的花瓣会转变为白色，而白色的花瓣则会逐渐转为红色，最终枯萎于枝上。花瓣稀疏的则多会脱落，在盛开后，渐渐感觉离散，遇到风雨摇晃之时，就会飘散落满地面。王安石在《武夷诗》中说："黄昏风雨打园林，残菊飘零满地金。"欧阳修看后戏言："秋花不落春花落，为报诗人子细看。"王安石闻言笑道："欧阳九不学之过也。岂不见《楚辞》云：'夕餐秋菊之落英。'"苏轼是欧阳修的门生，他的诗中也有"欲伴骚人赋落英""却绕东篱嗅落英"的句子，都采用了《楚辞》的中的词。王彦宾说："古人之言有不必尽循者，如《楚辞》言秋菊落英之语。"我认为诗人之所以了解草木的名称，就是为了这个原因。欧阳、王二位的文章在当时卓有成就，但他们相互嘲笑，难道对草木的名称还有未尽所知之处，不知道落和不落的区别吗？王彦宾的学生们还纠缠于此，这样只会离题越远。如果要谈可食用的话，那就是菊花初开时，香气可爱，但等到它枯萎掉落后，岂还有可食之味？《楚辞》的问题就在这里。有人说《诗经》中的《周颂·访落》，指的是落叶的训诂，意思是开花之初的花朵，那王安石的引用也未必值得推崇。或许还有其他的解释，但我是老园丁了，对草木颇有了解，所以将此并在《菊谱》之后。淳熙乙未闰九月望日，吴门老圃叙述。

白菊

范村菊谱

[南宋] 范成大 撰

　　山林好事者或以菊比君子，其说以谓岁华婉娩，草木变衰，乃独烂然秀发，傲睨风露。此幽人逸士之操，虽寂寥荒寒中味道之腴，不改其乐者也。神农书以菊为养生上药，能轻身延年。南阳人饮其潭水皆寿百岁，使夫人者有为于当世，医国惠民，亦犹是而已。菊于君子之道诚有臭味哉，《月令》以动植志气候，如桃桐华直云始华，至菊独曰菊有黄华，岂以其正色独立不伍众草，变词而言之欤。故名胜之士，未有不爱菊者。至陶渊明尤甚爱之，而菊名益重。又其花时，秋暑始退，岁事既登，天气高明，人情舒闲，骚人饮流，亦以菊为时花。移槛列屋，辇致觞咏，间谓之重九节物，此非深知菊者，要亦不可谓不爱菊也。爱者既多，种者日广，吴下老圃，伺春苗尺许，时掇去其颠，数日则歧出两枝，又掇之，每掇益歧。至秋则一干所出数千百朵，婆娑团植如车盖熏笼矣。人力勤，土又膏沃，花亦为之屡变。顷见东阳人家菊图多至七十种，淳熙丙午范村所植，止得三十六种，悉为谱之，明年将益访求他品为后谱云。

　　有些山林中喜欢花的人常用菊花来比喻君子，他们说这是因为菊花在岁末凋零时仍然绽放，傲然屹立于风露之中。这就是幽居归隐之士的境界和气质，即使在荒凉寂静之地也能体味到其中的美好，而且不会改变那份喜悦。《神农本草经》认为菊花是养生之药，能够延年益寿。南阳的人们饮用潭水，都能活到一百岁，这使得种植菊花的人在当时很有作为，可以医治百姓造福天下。菊花在君子的品德修养中也有很高的地位，《礼记·月令》中说，动植物的生长变化取决于季节和气候，比如桃花和桐花就只在开春的时候盛开，而菊花却独立不同于其他草木，变化万千，这就是其特殊之处。因此，对于名士来说，没有不喜欢菊花的。到了陶渊明，更是钟爱菊花，菊花的名声因此更大。而在菊花开放的时候，炎炎的夏日结束，岁月渐行渐远，天气明朗宜人，人们心情舒畅，文人雅士饮酒流觞之时，也喜欢用菊花来表达时令之美。他们摆放槛篦，摆出酒杯，吟咏赏菊，有的人称它为"重九节物"，这不仅仅是深知菊花的人所做的，也是喜欢菊花的人所能做到的。由于喜欢菊花的人越来越多，种植菊花的面积也越来越广。在吴下的老花园里，春天时种下几寸菊苗，经过修剪，数日之后就会长出两枝，再修剪，便会更加繁茂。到了秋天，千百朵的菊花便争相开放，像是覆盖了整个车盖熏笼一般。人们栽种勤劳，加上土地肥沃，花朵也因此不断变化。不久前，我看到东阳一户人家的菊花品种多达七十种，而我于范村在淳熙丙午年间种植的，仅有三十六种，我已将它们谱录下来，明年将再次寻求其他品种以补充谱录。

菊品

- ## 黄

  胜金黄 叠金黄 棣棠菊 叠罗黄 麝香黄 太真黄 垂丝菊 千叶小金黄 鸳鸯菊 金铃菊 球子菊 单叶小金钱 夏小金钱 十样菊 甘菊 野菊

- ## 白

  五月菊 金杯玉盘 喜容千叶 御钗黄千叶 万铃菊 莲花菊 芙蓉菊 茉莉菊 木香菊 茶蘼菊 艾叶菊 白麝香 白荔枝 银杏菊 波斯菊(一枝只一葩倒垂如发之鬈)

- ## 杂色

  佛顶菊 桃花菊 燕脂菊 紫菊(一名孩儿)

- ## 黄花

  胜金黄，一名大金黄菊。以黄为正，此品最为丰缛。而如轻盈花叶微尖，但条梗纤弱，难得团簇，作大本须留意扶植乃成。

  胜金黄菊，又叫大金黄菊花。以黄色为正，这种花颜色最为浓郁丰富。花叶轻盈微尖，但花枝细弱，难以形成花丛，因此需要特别注意培育。

叠金黄，一名明州黄，又名小金黄。花心极小，叠叶秾密，状如笑靥，花有富贵气，开早。

叠金黄菊，又称明州黄或小金黄，花心非常小，叶子重叠而有光泽，形如笑靥，花带有富贵气息，开花较早。

棣棠菊，一名金锤子花。纤秾酷似棣棠，色深如赤金，他花色皆不及，盖奇品也，窠株不甚高，金陵最多。

棣棠菊，又叫金锤子花。花形似棣棠，颜色深如赤金，其他品种花色都不如它艳丽，真是特别的品种，其窠株高度不高，以金陵出产最多。

叠罗黄，状如小金黄花，叶尖庼如剪罗縠，三两花自作一高枝出丛上，意度潇洒。

叠罗黄菊，形状类似小金黄花，叶子尖细如同经过裁剪的罗縠，三两朵花自成一枝高挂在花丛上，形态优雅而潇洒。

麝香黄，花心丰腴，傍短叶密承之，格高胜，亦有白者，大略似白佛顶丁，胜之远甚，吴中比年始有。

麝香黄菊，花心丰腴，被短而光滑的叶子包裹着，格调非常高雅，也有白色的品种，大概类似于白佛顶丁，比它更为优美，吴中地区是最近几年才开始出现的。

千叶小金钱，略似明州黄花，叶中外迭，迭整齐心甚大。

千叶小金钱菊，形态与明州黄花类似，叶子内外重叠整齐，花心很大。

太真黄花，如小金钱加鲜明。

太真黄花，与小金钱花相似，但更为鲜艳。

单花小金钱，花心尤大，开最早，重阳前已烂漫。

单花小金钱菊，花心特别大，开花最早，在重阳节前就已盛开。

垂丝菊花，蘂深黄，茎极柔细，随风动摇，如垂丝海棠。

垂丝菊，花蕊深黄，花茎柔软细长，随着风垂摆，花蕊为深黄色，犹如垂丝海棠。

鸳鸯菊，花常相偶，叶深碧。

鸳鸯菊，花常常成对开放，叶子呈深绿色。

金铃菊，一名荔枝菊，举体千叶，细瓣簇成小球，如小荔枝，枝条长茂，可以揽结。江东人喜种之，有结为浮图楼阁，高丈余者。余顷北使过栾城，其地多菊家，家以盆盎遮门，悉为鸾凤亭台之状，即此一种。

金铃菊，又名荔枝菊，全身千叶，细瓣簇成小球状，状似小荔枝，枝条长茂，可缠绕。江东人喜欢种植它，有些结成佛塔楼阁，高达十余丈。我曾去过栾城，那里有很多种植菊花的人家，家门口放着盆盎来遮挡，看起来像是鸾凤亭台，其中就有这种金铃菊。

球子菊，如金铃而差小，二种相去不远，其大小名字出于栽培肥瘠之别。

球子菊，和金铃菊很像但稍微小一点，二者的区别不大，主要在于种植的土壤肥沃程度不同。

小金铃，一名夏菊花，如金铃而极小，无大本，夏中开花。

小金铃菊，又名夏菊花，和金铃菊很像但是非常小，没有大株，夏季开花。

藤菊，花密条柔以长如藤蔓，可编作屏幛，亦名棚菊，种之坡上，则垂下袤数尺如璎络，尤宜池潭之濒。

藤菊，茎条柔软，长得像藤蔓，可以编织成屏幛，也叫棚菊，种植在山坡上，就会像璎珞一样垂下数尺，特别适合种植在池潭边。

十样菊，一本开花，形模各异，或多叶或单叶，或大或小，或如金铃，往往有六七色，以成数通名之曰十样。衢严间黄，杭之属邑有白者。

十样菊，一株开花，形状和颜色都不尽相同，有的多叶，有的单叶，有的大，有的小，有的像金铃，往往有六七色，以成数统称为十样。衢州、严州间的菊花黄色，杭州附近的城市有白色的十样菊。

甘菊，一名家菊，人家种以供蔬茹，凡菊叶皆深绿而厚，味极苦，或有毛。惟此叶淡绿柔莹，味微甘，咀嚼香味俱胜，撷以作羹及泛茶，极有风致。天随子所赋即此种，花差胜。

甘菊，又名家菊，被人们种来当蔬菜用。菊叶都是深绿而厚，味道非常苦涩，有的有毛，唯独这种菊叶淡绿柔嫩，味道微甜，咀嚼时非常香，可以用来煮羹或泡茶，颇有风味。天随子赋中提到的就是这种菊花，花稍微好一些。

野菊，甚本不繁花，野菊旅生田野及水滨，花单叶，极琐细。

野菊，本身并不以花著称。野菊生长在田野和水边，花朵单叶，非常琐碎细小。

▪ 白花

五月菊，花心极大，每一须皆中空，攒成一圆，球子红白，单叶绕承之，每枝只一花径，二寸，叶似同蒿。夏中开，近年院体画草虫喜以此菊写生。

五月菊，花心非常宽大，每一个花瓣都是中空的，聚集在一起形成一个圆，球形花头红白相间，只有单独的一片叶子环绕着它。每一枝上只开放一朵花，花径约为二寸，叶子与茼蒿相似。这种菊花在夏季中期开放，近年来，院体画草虫写生时喜欢以这种菊花作为素材。

金杯玉盘，中心黄四傍浅白，大叶三数层，花头径三寸，菊之大者不过此。本出江东，比年稍移栽吴下。此与五月菊二品，以其花径寸特大，故列之于前。

金杯玉盘，中心是黄色的，周围是浅白色的，大叶子有三层，花头的直径有三寸，这是菊花中最大的品种。它最初产于江东，近年来被移植到了吴地。它与五月菊同为二品，但由于花径特别大，因此排名较前。

喜容千叶花，初开微黄，花心极小，花中色深，外微晕淡，欣然丰艳有喜色，甚称其名。久则变白，尤耐封殖，可以引长七八尺至一丈，亦可揽结，白花中高品也。

喜容千叶花，初开时花色微黄，花心非常小，花瓣内部的颜色较深，外围微微散发淡淡的颜色，看起来十分美丽且充满喜悦的气息，因此而得名。此花经过时间的沉淀，颜色会逐渐变白。它尤其适合瓮土培育，可以长到七八尺甚至一丈，也可以盆栽种植，是白花中的高品。

御钗黄，千叶花，初开深鹅黄，大略似喜容而差疏瘦，久则变白。

御钗黄，千叶花，初开时呈深鹅黄色，大致类似于喜容却略显疏瘦，时间久了颜色会逐渐变白。

万铃菊，中心淡黄，锤子傍白，花叶绕之花端，极尖香，尤清烈。

万铃菊，花中心呈淡黄色，花瓣边缘呈白色，花叶绕在花的顶端，香气浓烈清新。

莲花菊，如小白莲花，多叶而无心，花头疏极，萧散清绝，一枝只一葩，绿叶亦甚纤巧。

莲花菊像小白莲花，有很多叶子但没有花心，花朵疏散，清幽脱俗，每枝只开一朵花，绿叶也非常细巧。

芙蓉菊，开就者如小木芙蓉，尤称盛者如楼子芍药，但难培植，多不能繁茂。

芙蓉菊，刚开时像小木芙蓉，尤其是开得茂盛的，像楼子芍药，但是很难培养，往往不能繁殖。

茉莉菊，花叶繁缛，全似茉莉，绿叶亦似之，长大而圆净。

茉莉菊，花朵繁茂，与茉莉花相似，绿叶也相似，生长后形态圆润。

木香菊，多叶略似御钗黄，初开浅鹅黄，久则一白花，叶尖薄，盛开则微卷，芳气最烈，一名脑子菊。

木香菊，多叶外形略似御钗黄。它初开时呈现浅鹅黄色，久而成为一朵白花。叶子尖端较为薄，盛开时微微卷曲。这种花的香气最为浓烈，也叫脑子菊。

茶蘼菊，细叶稠叠，全似荼蘼，比茉莉差小。

茶蘼菊，叶子细小且层层叠叠，整体看起来像荼蘼一样，它比茉莉花小。

艾叶菊,心小叶单,绿叶尖长似蓬艾。

艾叶菊,心窄叶单,绿叶尖长像蒿草。

白麝香,似麝香,黄花差小,亦丰腴韵胜。

白麝香菊,味道像麝香,花黄略小,丰满且有韵味。

银杏菊,淡白时有微红,花叶尖绿,叶全似银杏叶。

银杏菊,淡白上有微红,花叶尖绿,叶都像银杏叶。

白荔枝，与金铃同，但花白耳。

白荔枝菊和金铃类似，只是花是白色的。

波斯菊,花头极大,一枝只一苞,喜倒垂下,久则微卷如发之鬈。

波斯菊，花朵非常大，一支只有一朵，通常会倒垂而下，有时微卷像头发的卷曲。

▪ 杂色

佛顶菊，亦名佛头菊，中黄心极大，四傍白花，一层绕之。初秋先开白色，渐沁微红。

佛顶菊，也称佛头菊，黄心非常大，四周白花，一层又一层包围。初秋时先开白色，逐渐渗透微红。

桃花菊，多至四五重，粉红色，浓淡在桃杏红梅之间，未霜即开，最为妍丽，中秋后便可赏，以其质如白之受采，故附白花胭脂菊类。桃花菊深红浅紫，比胭脂色尤重，比年始有之，此品既出桃花菊，遂无颜色，盖奇品也，故附白花之后。

《陶潜赏菊图》
（宋）赵令穰　收藏于中国台北故宫博物院

桃花菊，花瓣多达四五层，粉红色，浓淡在桃、杏和红梅之间。霜降之前就开花，最为美丽，中秋后可欣赏。因为它的品质如同在白色上调出五彩，因此附属白花胭脂菊类。桃花菊的颜色深红浅紫，比胭脂色更加浓重。自从出现桃花菊以来，其品种颜色就不断变化，现在已经没有颜色了，因为它太稀有了，这里暂附在白花之后。

紫菊，一名孩儿菊，花如紫茸，丛苗细碎，微有菊香，或云即泽兰也，以其与菊同时，又常及重九，故附于菊。

紫菊，又名孩儿菊，花像紫色毛茸，丛生细小，微有菊香，也有人说像泽兰。因为它与菊同时生长，并且常在重阳节前后开花，所以附属于菊类。

后序

　　菊有黄白二种，而以黄为正，人于牡丹独曰花而不名，好事者于菊亦但曰黄花，皆所以珍异之。故余谱先黄而后白，陶隐居谓菊有二种，一种茎紫，气香味甘，叶嫩可食。花微小者为真菊，青茎细叶，作蒿艾气，味苦花大，名苦薏，非真也。今吴下惟甘菊一种可食，花细碎，品不甚高，余味皆苦，白花尤甚，花亦大。隐居论药，既不以此为真，后复云白菊治风眩。陈藏器之说亦然，灵宝方及抱朴子丹法又悉用白菊，盖与前说相抵牾。今详此惟甘菊一种可食，亦入药饵，余黄白二花虽不可饵，皆入药。而治头风则尚白者，此论坚定无疑，并着于后。

　　菊花有黄色和白色两种，但以黄色为正。人们对牡丹只称其为"花"，而不称名；对于菊花，喜爱者也只称其为"黄花"，都是源于它们的珍贵与独特。因此，我在谱中先写黄菊，后写白菊。陶弘景曾说：菊花有两种，一种茎呈紫色，气味香甜，嫩叶可食。花稍微小的是真菊，有细长的青茎和细小的叶子，有艾蒿的味道，而且味道苦。花稍大的叫苦薏花，不是真的菊花。现在吴地只有甘菊可以食用，花朵细小，口感不太好，而且味道苦。白色的菊花味道更苦，花朵更大。陶弘景在论药物时并不认为白菊是真正的药材，但后来又说白菊可以治疗头风。陈藏器的说法也是如此，《灵宝方》和《抱朴子·丹法》中则都使用白菊，与前面的说法相矛盾。详细考察后，发现只有甘菊可以食用，也可以用于药膳。黄色和白色的菊花虽然不能食用，但都可以用于药物。治疗头风时，更应该选用白色的菊花，这一点是毫无疑问的，一并附在后面。

范村梅谱

[南宋] 范成大 撰

序

梅，天下尤物，无问智贤愚不肖，莫敢有异议。学圃之士必先种梅，且不厌多。他花有无，多少，皆不繫重轻。余于石湖、玉雪坡既有梅数百本。比年又于舍南买王氏僦舍七十楹，尽拆除之，治为范村，以其地三分之一与梅。吴下栽梅特盛，其品不一，今始尽得之。随所得为谱，以遗好事者。

梅花，是天下的尤物，不管是聪慧贤良的人还是愚钝不肖的人，没人敢有异议。学习种花的人一定要先学种梅花，并且不会嫌多。梅花是否开花，开多少，都不会影响其价值。我在石湖、玉雪坡有几百株梅花。近年又在屋舍南买下王氏僦舍七十间，全部拆除后建成范村，并把其中三分之一用来种梅花。吴地最为盛行种植梅花，品种繁多，现在才全部得到。于是我记录下自己所得的品种，以便留给喜爱梅花的人。

《宋人观梅图》▶
佚名　收藏于中国台北故宫博物院

《长物志·花木·梅》："幽人花伴，梅实专房。取苔护藓封，枝稍古者，移植石岩或庭际，最古。另种数亩，花时坐卧其中，令神骨俱清。绿萼更胜，红梅差俗；更有虬枝屈曲，置盆盎中者，极奇。蜡梅磬口为上，荷花次之，九英最下，寒月庭除，亦不可无。"

江梅

江梅，遗核野生，不经栽接者。又名直脚梅，或谓之野梅。凡山间水滨，荒寒清绝之趣，皆此本也。花稍小而疏瘦，有韵，香最清，实小而硬。

江梅是丢弃的果核长出的野生梅花，没有经过栽培嫁接，又称直脚梅或野梅。在山间水边、荒芜寒冷之处，都是这个品种。花朵略小而疏瘦，但有韵味，香气清新，果实小而坚硬。

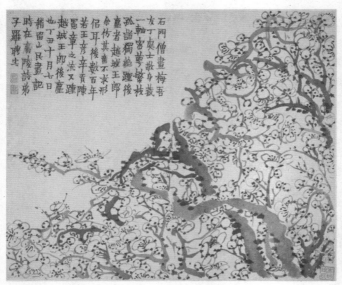

梅花
选自《梅花图》册页 （清）金农 收藏于美国纽约波士顿艺术博物馆

甚至还有用肉汤滋养梅花的技巧。《瓶花三说》中说："一法，用肉汁去浮油，入瓶插梅花，则萼尽开而更结实。"而《瓶花谱》中也说"一法用淡肉汁去浮油入瓶插花，则花悉开而瓶略无损"。

早梅

早梅花胜直脚梅，吴中春晚二月始烂漫，独此品于冬至前已开，故得"早"名。钱塘湖上亦有一种，尤开早。余尝重阳日亲折之，有"横枝对菊开"之句。

成都卖花者，争先为奇。冬初所未开，枝置浴室中薰蒸，令拆，强名早梅，终琐碎，无香。

余顷守桂林，立春，梅已过。元夕则见青子，皆非风土之正。杜子美诗云"梅蕊腊前破，梅花年后多。"惟冬春之交，正是花时耳。

《月下赏梅图》 （宋）马远　收藏于美国纽约大都会艺术博物馆

早梅的花比直脚梅要大，吴地的春天来得晚，各种花卉二月开始开放，而只有早梅在冬至前就已经开放了，因此得了"早"之名。钱塘湖上也有一种梅花，开得很早。我曾在重阳节时亲手采摘，留有"横枝对菊开"之句。

成都卖花的人，都争先恐后地把梅花卖出去。初冬时节还未开放的梅花，被摆放在浴室中被薰蒸，以便提早开花，被称作"早梅"，但最终都会散落殆尽，并没有香味。

我不久前守桂林，到了立春时节，梅花已经凋零。到了元宵节，只看到了普通的梅花，都不是正宗的当地品种。唐代诗人杜甫在他的诗中写道："梅蕊腊前破，梅花年后多。"只有在冬春之交才是梅花盛开的时节。

梅花　选自《梅花图》册页　（清）金农　收藏于美国纽约波士顿艺术博物馆

官城梅

官城梅，吴下圃人以直脚梅择他本花肥实美者，接之，花遂敷腴，实亦佳，可入煎造。唐人所称官梅，止谓"在官府园圃中"，非此官城梅也。

吴下圃人挑选梅花时，会选择那些树干笔直、花朵饱满美丽的品种，嫁接在自己的梅树上，这样的梅花会开得更加繁茂，果实也更加美味可口，适合用来制作梅花酒。唐代人所说的官梅，是指在官府的园圃中种植的梅花，而不是特指官城梅这种品种。

消梅花

消梅花，与江梅、官城梅相似，其实圆小松脆，多液无滓。多液则不耐日干，故不入煎造，亦不宜熟，惟堪青啖，比梨，亦有一种轻松者，名消梨，与此同意。

消梅花与江梅、官城梅相似。消梅花的果实小而圆，松脆可口，多汁无渣。不过，多汁的特点也导致它不耐晒和干燥，不能用于煎药制剂，也不宜烹煮，只适合生食。它的口感像梨一样清新，有一种名为"消梨"的果品和它类似。

梅花　选自《梅花图》册页　（清）金农　收藏于美国纽约
波士顿艺术博物馆

東鄰蕭坐管弦閙西舍終朝
車馬喧只有老夫貪午睡梅花
開候不開門 楷留山民畫詩書

梅花　选自《梅花图》册页　（清）金农　收藏于美国纽约
波士顿艺术博物馆

山僧送米乞我墨池游戏极瘦梅花画里酸香

香扑鼻松下喜々到冷清々地些笑约溪翁三五

看罢汲泉瓶茶器　曲江外史写并谱新词

梅花　选自《梅花图》册页　（清）金农　收藏于美国纽约
波士顿艺术博物馆

古梅

　　古梅，会稽最多，四明、吴兴亦间有之。其枝樛曲万状，苍藓鳞皴，封满花身。又有苔须垂于枝间，或长数寸，风至，绿丝飘飘，可玩。初谓"古木"，久历风日致然。详考会稽所产，虽小株，亦有苔痕，盖别是一种，非必古木。余尝从会稽移植十本。一年后，花虽盛发，苔皆剥落殆尽，其自湖之武康所得者，即不变移，风土不相宜。会稽隔一江，湖苏接壤，故土宜或异同也。凡古梅多苔者，封固花叶之眼，惟镈隙间始能发花。花虽稀而气之所钟，丰腴妙绝，苔剥落者，则花发仍多，与常梅同。

　　去成都二十里，有卧梅，偃蹇十余丈，相传唐物也，谓之梅龙。好事者，载酒游之。

　　清江酒家有大梅如数间屋，傍枝四垂，周遭可罗坐数十人。任子严运使买得，作凌风阁临之，因遂进筑大圃，谓之盘园。

　　余生平所见梅之奇，古者，惟此两处为冠，随笔记之，附古梅后。

　　古梅在会稽地区比较多见，四明、吴兴等地也偶有出产。古梅的树枝曲折，无数的苍藓和鳞皴盖满了花身，还会有苔须垂挂在树枝之间，有的甚至长达数寸，风一吹，像绿色的丝线在飘荡，十分值得赏玩。起初称其为"古木"，其实是经历风日沉淀所致。据详细考证是会稽地区所产，即使是小株的消梅花，也有着苔痕。这可能是另一种，而不是古梅。我曾经从会稽移植了十株古梅，一年后花虽开得很盛，但苔痕已经脱落殆尽。武康湖的古梅并不适合移植，因为气候环境不适宜。虽然会稽与武康隔着一条江，但这两地的土壤也有所不同。总的来说，古梅上长有苔，会阻塞花叶的眼睛，只有在枝间的缝隙处才能开花。虽然古梅开的花稀少，但香气浓郁，味道绝佳，若苔脱落，开出的花仍然多，和普通的梅花一样。

距离成都二十里，有一片卧梅，高度约十余丈，据传是唐代时种下的，称为梅龙，喜欢梅花的人会带酒前来游览观赏。

清江酒家有一片大梅，如同数间房子，旁枝四面垂下，周围可坐数十人。任子严运使曾将这里买下来，把梅子的种子栽种在凌风阁附近的空地上，后来扩建成大花园，名为盘园。

我平生所见的梅中佼佼者，从古至今，只有这两处为冠，于是随手记下，附在古梅之后。

梅花
选自《梅花图》册页
（清）金农　收藏于美国纽约波士顿艺术博物馆

在冬季，文人们更喜欢梅花。因此，古人有很多关于滋养梅花的经验。读到这些经验时，经常会让一些人感到十分惊讶。比如，林洪在《山家清事》中提到插梅花时应该每天早晨用热水浸泡，可能是因为气温较低。据南宋时期的周密所述，竟然"以腌豕滚汁热贮梅瓶"（《癸辛杂识》）。

重叶梅

重叶梅，花头甚丰，叶重数层，盛开如小白莲，梅中之奇品。花房独出而结实多双，尤为瑰异，极梅之变，化工无馀巧矣。近年方见之。蜀海棠有重叶者，名莲花海棠，为天下第一，可与此梅作对。

重叶梅，花朵极为丰盛，花瓣重重叠叠，盛开时像小白莲，是梅花中的奇品。花蕾独立开来，结实成双，尤其异彩纷呈，是梅花变化的极致，无法超越的技艺。近年来，才见此梅花。蜀地的海棠花开重叶，名为莲花海棠，是天下第一美，可与这片梅树相媲美。

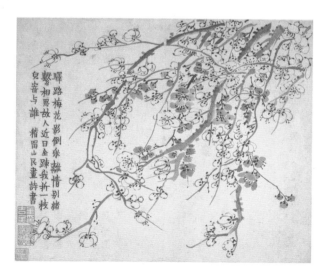

梅花
选自《梅花图》册页
（清）金农　收藏于
美国纽约大都会艺术
博物馆

梅花
选自《梅花图》册页
（清）金农　收藏于
美国纽约大都会艺术
博物馆

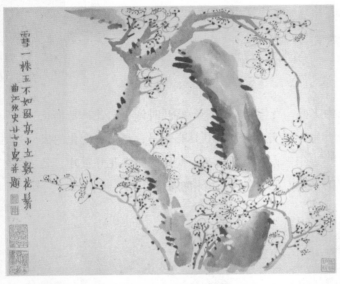

梅花
选自《梅花图》册页
（清）金农　收藏于
美国纽约大都会艺术
博物馆

梅花
选自《梅花图》册页
（清）金农　收藏于
美国纽约大都会艺术
博物馆

绿萼梅

绿萼梅，凡梅花，纣蒂皆绛紫色，惟此纯绿。枝梗亦青，特为清高，好事者比之"九疑仙人萼绿华"。京师艮岳有萼绿华堂，其下专植此本。人间亦不多有，为时所贵重。吴下又有一种萼，亦微绿，四边犹浅绛，亦自难得。

所有的梅花中，纣蒂基本都是绛紫色的，只有绿萼梅是纯绿色的。其枝干也是绿色的，特别清高，被喜欢梅花的人比作"九疑仙人萼绿华"。京城的艮岳山上有一座萼绿华堂，专门种植这种梅花。在民间也不多见，因而很珍贵。吴地还有一种萼，也是微绿色的，四周还带有一圈浅绛色，也很少见。

百叶缃梅

百叶缃梅，亦名黄香梅，亦名千叶香。梅花叶至二十余瓣，心色微黄，花头差小而繁密，别有一种芳香，比常梅尤秾美。不结实。

百叶缃梅又名黄香梅，也叫千叶香。梅花萼达二十多瓣，中心微黄，花头稍小而繁密，还有一种特殊的香味，比普通梅花更加娇美，但是这种梅花不结果实。

红梅

　　红梅，粉红色。标格犹是梅，而繁密则如杏。香亦类杏。诗人有"北人全未识，浑作杏花看"之句，与江梅同开，红白相映，园林初春绝景也。梅圣俞诗云："认桃无绿叶，辨杏有青枝。"当时以为著题。东坡诗云"诗老不知梅格在，更看绿叶与青枝"，盖谓其不韵，为红梅解嘲云。承平时，此花独盛于姑苏。晏元献公，始移植西冈圃中。一日贵游，赂园吏得一枝分接。由是都下有二本，尝与客饮花下，赋诗云："若更开迟三二月，北人应作杏花看。"客曰："公诗固佳，待北俗何浅耶？"晏笑曰："伧父安得不然。"王琪君玉，时守吴郡，闻盗花种事，以诗遗公曰："馆娃宫北发精神，粉瘦琼寒露蕊新。园吏无端偷折去，凤城从此有双身。"当时罕得如此。比年展转移接，殆不可胜数矣。世传吴下红梅诗甚多，惟方子通一篇绝唱，有"紫府与丹来换骨，春风吹酒上凝脂"之句。

　　红梅，颜色呈粉红色，风范品格仍然是梅花，但是繁密的样子却像杏花。香味也类似于杏花。诗人有"北人全未识，浑作杏花看"的句子，它和江梅一起开放，红色和白色相互辉映，是初春园林中绝佳的景致。梅圣俞有诗说："认桃无绿叶，辨杏有青枝。"当时认为这是对梅花的评价。苏轼说："诗老不知梅格在，更看绿叶与青枝。"这是在嘲笑他的诗歌没有韵律，只是为红梅解嘲。在和平时期，这种花只在姑苏盛开。晏元献公最开始将这种花种植在西冈园中。有一天，王公贵族来这里游园，向园丁行贿得到了一枝分接。从那时起，这种花就有了两个品种。

晏元献公曾经和客人在花下饮酒，并写下了一首诗："若更开迟三二月，北人应作杏花看。"客人说："您作的诗虽然很棒，但是对北方习俗的认知怎么这么浅显呢？"晏笑道："伧父怎么就认知不清呢？"王琪君玉当时是吴郡太守，听说有人偷花种，就写了一首诗送给他："馆娃宫北发精神，粉瘦琼寒露蕊新。园吏无端偷折去，凤城从此有双身。"那时人很少能得到这个品种。近年来，这种花转移嫁接的次数已经多到数不清了。世人传颂吴地的红梅诗很多，只有方子通一首绝唱，其中有"紫府与丹来换骨，春风吹酒上凝脂"的句子。

鸳鸯梅

　　鸳鸯梅，多叶红梅也。花轻盈，重叶数层，凡双果，必并蒂。惟此一蒂而结双梅。亦尤物。
　　杏梅花比红梅色微淡，结实甚匀，有斓斑色，全似杏味，不及红梅。

　　鸳鸯梅是多叶红梅，花轻盈，花瓣层层叠叠，果实必然成双，只有一蒂时则结成双子。此梅也是尤物。
　　杏梅的颜色稍淡于红梅，果实极匀称，颜色斑斓，杏梅花的果实味道像杏子，口感比不上红梅的味道。

蜡梅

蜡梅，本非梅类，以其与梅同时，香又相近，色酷似蜜脾，故名蜡梅。凡三种，以子种出，不经接，花小香淡，其品最下，俗谓之狗蝇梅。经接，花疏，虽盛开，花常半含，名磬口梅，言似僧磬之口也。最先开，色深，黄如紫檀。花密香秾，名檀香梅。此品最佳。蜡梅，香极清芳，殆过梅香，初不以形状贵也。故难题咏。山谷简斋但作五言小诗而已。此花多宿叶，结实如垂铃，尖长寸余。又如大桃，奴子在其中。

蜡梅本来不是梅的一种，只是与梅同时开花，芳香相似，颜色酷似蜜脾，因此得名。它总共有三种，其中种下可自然生长，花小而淡香的品质，品质最低，人们俗称为"狗蝇梅"；经过人工接枝，花会稀疏，虽然盛开，花常常半掩，因此叫"磬口梅"，意思就像僧磬的口一样；最先开花的品种颜色较深，黄如紫檀，花香清秀，被称为"檀香梅"，这是最佳品种。蜡梅的香气清香幽雅，胜过梅花，不过一开始并不因其形状而受珍视，因此很难被诗人咏颂。山谷简斋只写了五言小诗来描述它。这种花常常留有老叶，果实像钟铃一样垂挂，尖长寸余，也像大桃子，其中藏着果核。

后序

　　梅，以韵胜，以格高，故以横斜疏瘦与老枝怪奇者为贵。其新接穉木，一岁抽嫩枝直上，或三四尺，如酴醾、蔷薇辈者，吴下谓之气条，此直宜取实规利，无所谓韵与格矣。又有一种粪壤力胜者，于条上茁短横枝，状如棘针，花密缀之，亦非高品。近世始画墨梅。江西有杨补之者，尤有名。其徒仿之者实繁。观杨氏画大略皆气条耳，虽笔法奇峭，去梅实远。惟廉宣仲所作差有风致，世鲜有评之者，余故附之谱后。

　　梅花，因其韵味而胜出，因其格调而高雅，所以以竖直向上的、斜的、稀疏的和瘦的老枝为贵。对于那些新生的接穗，一年生的嫩枝直立向上，有的可达三四尺，如酴醾、蔷薇等，吴地人称之为"气条"，此类品种宜追求实用和规利，而不必过于在意韵味和格调。还有一种粪土肥沃的品种，能在气条上长出短粗的横枝，形似棘针，花朵点缀其上，也不是高品质的梅花。近代开始画墨梅，江西有个叫杨补之的画家，尤其有名，引得门徒们纷纷效仿。观察杨补之的画，大致只是描绘气条，虽然笔法峻拔，但距离真正的梅花还很远。只有廉宣仲的作品有些风味，但很少有人评论，因此我特将他的作品附在后面。

江君鶴真水南別墅越夕費燕支以許圖此小幅若
宋徐黄諸賢却未曾畫得也　昔耶居士記

金漳兰谱

[南宋] 赵时庚 撰

原序

予先大夫朝议郎自南康解印还，卜里居，筑茅引泉植竹，因以为亭，会宴乎其间，得郡侯博士伯成，名其亭曰"筼筜世界"，又以其东架数椽，自号"赵翁书院"，回峰转向，依山叠石，尽植花木，丛杂其间，繁阴之地，环列兰花，掩映左右，以为游憩养疴之地。

予时尚少，日在其中每见其花好之。艳丽之状，清香之夐，目不能舍，手不能释，即询其名，默而识之，是以酷爱之，心殆几成癖。粤自嘉定改元以后，又采数品，高出于向时所植者，予嘉而求之，故尽得其花之容质，无失封培爱养之法，而品第之，殆今三十年矣。而未尝与达者道。暇日有朋友过予，会诗酒琴瑟之后，倏然而问之，予则曰："有是哉！"即缕缕为之详言。友曰："吁！亦开发后觉一端也。与其一身可得而私有，何不予诸人以广其传？"予不得辞，因列为三卷，名曰：《金漳兰谱》，欲以续前人牡丹、荔枝谱之意余。以是编绍定癸巳六月良日，澹斋赵时庚谨书。

先大夫朝议郎从南康辞官回，选择住的地方，建筑茅草引泉种植竹子，把它当作亭子，在其间举办宴会。郡侯博士伯成称其为"筼筜世界"；又因其东架几间，自称"赵翁书院。"回峰面势，依山叠石，种植了许多花木，混杂在其中，四周环绕着兰花，左右相映，成为休闲养病的好去处。

我年少时曾来此游玩，特别喜欢这里花的香艳清馥，目光不愿离开，双手不忍放开，心中默默记住，由此痴迷不已，成为癖好。自嘉定改元以来，听说有很多品种高出于早先所种的品种，我很高兴地寻求，于是知道了各种花的外貌特质，及其养护方法，并将其品评排列，至今已有三十年，但从未与通达这些知识的人分享过心得。偶尔有朋友来访，在交谈诗琴棋之后，便向我询问，我说："有是心矣！"便详细解答。友人说："哎呀！这是为后人发掘了新的内容。既然你拥有这种技艺，何不向更多人传授呢？"我无法拒绝，于是将其集结成一卷，名为《金漳兰谱》，意在继承前人编写的牡丹、荔枝谱。当时是绍定癸年六月良辰，澹斋赵时庚撰写此书。

茅兰
选自《梅园草木花谱》 ［日］毛利梅园
收藏于日本东京国立国会图书馆

叙兰容质

▪ **陈梦良**

　　陈梦良，色紫，每干十二萼，花头极大，为众花之冠。至若朝晖微照，晓露暗湿，则灼然腾秀，亭然露奇，敛肤傍干，团圆心向，婉媚绰约，伫立凝思，如不胜情。花三片，尾如席彻，青叶三尺，颇觉弱，翠然而绿。背虽似剑，脊至尾棱，则软薄斜撒，粒许带缁。最为难种，故人稀得其真。

　　陈梦良，花为紫色，每个枝干有十二片花萼，花朵非常大，是众花之首。若是在朝阳微照、清晨露水淋湿的情况下，会熠熠生辉，收紧花瓣，向四面圆起亭亭玉立，婉转娇媚，仿佛伫立凝思，如有不胜之情。花瓣有三片，尾端如彻珠，叶子有三尺长，有些脆弱，颜色黯淡却带有绿色。背部虽然似剑形，但是到尾部棱角却软薄斜散，颗粒微小呈暗红色。由于种植难度很大，因此人们很希望能够种出真品。

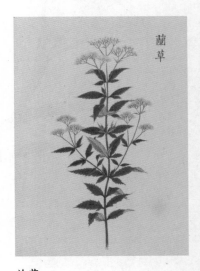

兰草
选自《庶物类纂图翼》日本江户时期绘本　［日］户田祐之　收藏于日本内阁文库

▪ 吴兰

吴兰，色深紫，有十五萼，干紫荚红，得所养则歧而生，至有二十萼。花头差大，色映人目，如翔鸾骞凤，千态万状。叶则高大刚毅，劲节苍然可爱。

吴兰，花色深紫，有十五片花萼，枝干紫色果荚为红色，若养护得当会分叉生长，达到二十片花萼。花头稍大，色彩鲜艳夺目，像翱翔的凤凰神鸟，千姿百态。叶子高大而有力，坚韧有劲，苍翠可爱。

▪ 潘花

潘花，色深紫，有十五萼。干紫，圆匝齐整，疏密得宜，疏不露干，密不簇枝，绰约作态，窈窕逞姿，真所谓艳中之艳，花中之花也。视之愈久，愈见精神，使人不能舍去。花中近心所色如吴紫，艳丽过于众花，叶则差小于吴，峭直雄健，众莫能比，其色特深。或云仙霞，乃潘氏西山于仙霞岭得之，故人更以为名。

潘花，花色深紫，有十五片花萼，枝干紫色，整齐而圆润匀称，疏密得当，既不显得稀疏露出枝干，也不显得枝繁叶茂簇拥在枝头，姿态绰约优美，姿势窈窕，真所谓艳中之艳，花中之花。看得越久，越显精神，叫人不忍离开。花中靠近花心的部分呈吴紫，比其他花卉更加艳丽，叶子虽小于吴兰但峻直雄健，其他品种都比不上，其色很深。或者叫作仙霞，潘氏在仙霞岭的西山上采得，因而得名。

▪ 赵十四

赵十四，色紫，有十五萼。初萌甚红，开时若晚霞映日，色更晶明，叶深红，合于沙土，则劲直肥耸，超出群品，亦云赵师博，盖其名色。

赵十四，花为紫色，有十五片花萼。初开时非常红，像晚霞映照日般，颜色很明亮，叶子是深红色的，适合在沙土中生长，会长得很旺盛，高出其他品种，也叫"赵师博"，这大概也是它的名字。

▪ 何兰

何兰，紫色，中红，有十四萼。花头倒压，亦不甚绿。

何兰，花为紫色，中红色，有十四片花萼。花头倒压，也不是特别绿。

▪ 品外之奇

金殿边

金殿边，色深紫，有十二萼。出于长泰陈家，色如吴花，片则差小，干亦如之，叶亦劲健。所可贵者，叶自尖处分二边各一线许，直下至叶中处，色映日如金线，其家宝之，犹未广也。

金殿边，花色深紫，有十二片花萼。它来自长泰的陈家，花色像吴兰一样，花片较小，枝干也是如此，叶子也很强壮。它之所以比较珍贵，是因为从叶尖向两侧分出一条金丝般的线，直至叶子中央，在阳光下像金线一样，陈家特别喜爱它，但目前还没有广泛传播。

▪ 白兰

济老

济老，色白，有十二萼。标致不凡，如淡妆西子，素裳缟衣，不染一尘。

叶与施花近似，更能高一二寸。得所养，致歧而生，亦号一线红。

济老，花为白色，有十二片花萼。它非常美丽，像淡妆的西子，穿着素裳缟衣，不染一点儿尘垢。叶子像施花一样，还能比一般的花高上一两寸。只要养护得当，就会分叉而生，也被称为"一线红"。

灶山

灶山，有十二萼。色碧玉，花开体肤松美，颙颙昂昂，雅特闲丽，真兰中之魁品也。每生并蒂花，干最碧。叶绿而瘦薄，开生子蒂，如苦荬菜叶相似，呼为绿衣郎。黄郎，亦号为碧玉干。

灶山，有十二片花萼，颜色像碧玉一样。它开放时美丽松弛，优雅自得，是兰花中真正的佼佼者。每个花枝都有成对的花朵，枝干是碧绿色。叶子瘦长而薄绿，开生子蒂，像苦荬菜的叶子一样，俗称"绿衣郎"。黄郎，也叫碧玉干。

幽兰
选自《本草图谱》 ［日］岩崎灌园
收藏于日本东京国立国会图书馆

施花

施花，色微黄，有十五萼，合并干而生，计二十五萼。或迸于根，美则美矣，每根有萎，叶朵朵不脱。细叶最绿，微厚。花头似开不开，干虽高而实贵瘦，叶虽劲而实贵柔，亦花中之上品也。

施花，色微黄，有十五片花萼。花朵长在枝干上，总共有十五朵。有时会从根部长出来，即使很美，但每个枝干上都有枯叶。细叶绿且肥厚，花朵看起来像要开还未开的样子，枝干虽高，但实际上很瘦小，叶子看起来很坚强但实际上很柔软，也是花中的上品。

李通判

李通判，色白，十五萼。峭特雅淡，追风浥露，如泣如诉。人爱之，比类郑花，则减头低。叶小绝佳，剑脊最长，真花中之上品也，惜乎不甚劲直。

李通判，花为白色，有十五片花萼，它高峭淡雅，像在追风和湿润的露水，又像在诉说哀怨之事。人们都喜欢它，有人说像郑花，但地位却不如郑花。叶片小但很优良，花剑脊最长，真正的花中上品，可惜它的茎不够坚挺。

惠知容

惠知容，色白，有十五萼。赋质清癯，团簇齐整。或向或背，娇于瘦困，花英淡紫，片色尾凝黄。叶虽绿茂，细而观之，但亦柔弱。

惠知容，花为白色，有十五片花萼，质地清秀瘦弱，花朵齐整团簇，有的向背面娇柔地润弯，花瓣淡紫色，末端凝结成黄色。叶虽然翠绿茂盛，但细看却也柔弱。

马大同

马大同，色碧而绿，有十二萼。花头微大，开有上向者，中多红晕。叶则高耸，苍然肥厚。花干劲直，及其叶之低，亦名五晕丝，上品之下。

马大同，花色碧绿，有十二片花萼，花头稍大，有些向上翘起，中央多呈现红晕。叶子高耸挺拔，苍翠肥厚。花茎笔直，到了叶子的一半，也叫五晕丝，居上品之下。

郑少举

郑少举，色白，有十四萼。莹然孤洁，极为可爱。叶则修长而瘦散乱，所谓蓬头少举也。亦有数种，只是花有多少叶，有软硬之别。白中能生者，无出于花。其花之色资质可爱，为百花之翘楚者。

郑少举，花为白色，有十四片花萼，晶莹剔透，十分可爱。叶子修长瘦弱，有些松散，像是凌乱的头发。这种花有几个品种，只是叶子的数量、软硬度有所不同。能够开出白花的，没有比它更好的了。它的花非常可爱，是百花中的翘楚。

黄八兄

黄八兄，色白，十二萼。善于抽干，颇似郑花。惜乎干弱，不能支持。叶绿而直。

188

马兰
选自《梅园草木
花谱》　［日］
毛利梅园
收藏于日本东京
国立国会图书馆

春兰
选自《梅园草木花谱》　［日］毛利梅园
收藏于日本东京国立国会图书馆

黄八兄，花为白色，有十二片花萼，善于抽长新枝，很像郑少举。可惜干花比较脆弱，无法支撑。叶子翠绿而挺拔。

周染

周染，花色白，十二萼。与郑花无异，等干短弱耳。

周染，花为白色，有十二片花萼。与郑少举相似，但枝干短且柔弱。

夕阳红

夕阳红，花八萼，花片凝火，色则凝红，夕阳返照于物。

夕阳红，有八片花萼，花瓣尖而凝结，颜色深红，如同夕阳返照般。

观堂主

观堂主，花白，有七萼。花聚如簇，叶不甚高，可供妇人晓妆。

观堂主，花为白色，有七片花萼。花朵聚集在一起为簇状，叶子不是很高，可供女性妆饰。

名弟

名弟，色白，有五六萼。花似郑，叶最柔软。如新长叶，则旧叶随换，人多不种。

名弟，花为白色，有五到六片花萼。花形似郑少举，叶子最柔软。如果长出新的叶子，旧的就会凋落，因此不太受欢迎。

青蒲

青蒲，色白，有七萼，挺肩露骨甚类灶山，而花洁白，叶小而直且绿，只高尺五六寸。

青蒲，花为白色，有七片花萼。开花的样子和灶山相似，花色洁白，叶片小而直且绿，只有五六寸高。

弱脚

弱脚，只是独头兰，色绿、花大如鹰爪，一干一花，高二三寸。叶瘦长二三尺，入腊方花，薰馥可爱而香有余。

弱脚，只是独头兰，花色为绿，花朵像鹰爪一样大，每个枝干只开一朵花，高度约两三寸。叶子瘦长约二三尺，进入腊月可开花，气味馥郁且有余香。

鱼魫兰

鱼魫兰，十二萼。花片澄澈，宛如鱼魫，采而沉之水中，无影可指，叶则颇劲，色绿。此白兰之奇品也。

鱼魫兰，有十二片花萼，花瓣澄澈透明，像鱼脑骨，摘下来放在水里，没有一点影子。叶子浓绿，是白兰花中的奇特品种。

红蘭花葉皆妙惜無香澤今夏見于奉宸院卿
江君鶴真水南別墅越夕費燕支必許圖此小幅若
宋徐黄諸賢却未曾畫得也　昔耶居士記

《红兰花图》　（清）金农　收藏于北京故宫博物院

品兰高下

余尝谓："天下凡几山川，而其支派源委与夫人迹所不至之地，其间山坳石罅，斜谷幽窦，又不知其几何岁！遇古之修竹，蠹空之危木，灵种覆溪，溪洞盘旋，森罗蔽道，晖阳不烛，泠然泉声，磊乎万状。随地之异，则所产之多，人贱之蔑如也。倏然经乎樵牧之手而见骇然。识者从而得之，则必携持登高冈，涉长途，欣然不惮其劳，中心之所好者何邪？不能以售贩而置之也，其他近城百里，浅小去处，亦有数品可服，何必求诸深山穷谷！"每论及此，往往启识者。虽有不韪之谓，毋及也迹而气殊，叶萎而花蠹，或不能得培植之三昧者耶？是故花有深紫，有浅紫，有深红，有浅红，与夫黄白、绿碧、鱼魫、金镂边等品，是必各因其地气之所锺而然，意亦随其本质而产之？钦抑其皇穹储精，景星庆云，垂光遇物而流形者也。噫！万物之殊，亦天地造物施生之功，岂予可得而轻哉。

我曾说过："天下的山川，大部分的支派源头都在人迹罕至之地。这些地方有许多山洞石潭，斜谷幽窦，不可胜数！茂密的竹林，高耸的树木，云雾笼罩，溪流蜿蜒，繁茂的植被覆盖着小路。阳光无法穿透，冰冷的泉水泠然作响，石头的形状多种多样。这些地方的特别之处在于能产出大量物产，但却容易被一般人忽视，只有樵夫和放牧者会轻而易举采摘到并深感惊讶。有见识的人得到这些物品后，必定会欣然前往，攀登险峰、跋涉远路、乐意付出劳苦。心中有喜爱的东西，就不能只是心中神往而不行动。即使这些地方离城池百里，或者是在一些浅显的地方，也有一些值得取的物品，也不一定非要去深山老林寻求！"每当说到这些，往往能启发一些人。虽然有人不屑一顾，或许是因为这些地方离人烟近而气质不同，叶子枯萎而花朵不盛，或许它们不能体会到这些地方的精华。因此，不同的花有深紫色、浅紫色、深红色、浅红色，还有黄色、白色、绿色、碧色、鱼魫和金边等品种，它们的生长必定因其地气有所偏爱而不同，难道也是随着它们的本质而产生吗？难道它们不是被天地创造，凝聚着它们的灵魂和精华吗？唉！万物的不同，都是天地造化施生之功，我又怎么能够轻易地评价呢！

窃尝私合品第而类之，以为花有多寡，叶有强弱，此固因其所赋而然也。苟惟人力不知，则多者从而寡之，强者又从而弱之，使夫人何以知其兰之高下，其不惑人者几希，呜呼！兰不能自异而人异之耳。故必执一定之见，物品藻之，则有炎然之性在。况人均一心，心均一见，眼力所至，非可语也。故紫花以陈梦为甲，吴、潘为上品；中品则赵十四、何兰、大张、青蒲统领、陈八尉、淳监粮；下品则许景初、石门红、小张、萧仲和、何首座、林仲孔、庄观成外，则金殿边为紫花奇品之冠也。白花则济老、灶山、施花、李通判、惠知容、周大同为上品；所为郑少举、黄八兄、周染为次；下品夕阳红、云娇、朱花、观堂主、青蒲、名第、弱脚、王小娘者也。赵花又为品外之奇。

我曾私下给兰花按品级排过序，毕竟花有多寡不同，叶有强弱之分，这当然是天然所成。如果人的眼力无法分辨，那么多的就会被认为是弱的，而弱的又会被认为更加弱小。因此，人们很难判断哪种兰花更高贵，哪种更普通。唉！兰花本身并没有任何差别，只是人类的品味使然。因此，必须要坚持自己的看法，才能真正评判出一种花的优劣。对于那些物品，只有拥有淡然的心态才能真正评判它们。人们的心思都是一致的，眼力所及，不会有任何偏见。因此，陈梦良为紫花甲品，吴兰、潘兰为上品，赵十四、何兰、大张、青蒲统领、陈八尉、淳监粮为中品，许景初、石门红、小张、萧仲和、何首座、林仲孔、庄观成外则为下品，金殿边则是紫花奇品之首。至于白花，则以济老、灶山、施花、李通判、惠知容、马大同为上品，郑少举、黄八兄、周染为中品，夕阳红、云娇、朱花、观堂主、青蒲、名弟、弱脚、王小娘为下品。赵花则被认为是品种之外的异品。

天地爱养

天不言而四时行，百物生盖岁分四时，生六气。合四时而言之，则二十四气以成其岁功。故凡盈穹壤者皆物也，不以草木之微，昆虫之细，而必欲各遂其性者，则在乎人因其气候以生全之者也。彼动植者非其物乎？及草木者，非其人乎？斧斤以时入山林，数罟不入洿池，又非其能全之者乎？夫春为青帝，同驭阳气，风和日暖，蛰雷一震，而土脉融畅，万汇蒙生，其气则有不可得而掳者。是以圣人之人，则顺天地以养万物，必欲使万物得遂其本性而后已。

天虽不言但四季能交替，百物能生长，这是为什么呢？因为一年分为四季，生出了六气。将四季合在一起，就有二十四气构成了一年的功德。因此，凡是在天地之间的事物都是有生命的。不论是细小的草木，还是微小的昆虫，要想它们各安其性去生长，关键在人。因为人能通过气候的变换来调节万物的生长。覆盖在动植物之上的，难道不是人的恩泽吗？放到草木身上的，难道不是得到了人的恩惠吗？按时有节制地砍伐树林，细网不下池塘，难道不是他们才能保全吗？春季是青帝的主宰，阳气回归，日暖风和，蛰伏的雷声一震，土地就变得柔软，万物开始生长。这其中的气息是无法人为遮掩的。因此，圣人的仁慈就是要顺应天地的自然规律养育万物，使每种生灵都能发挥自己的本性。

故为台太高则撞阳，太低则隐风，前宜面南，后宜背北，盖欲通南薰而障北吹也。地不必旷，旷则有日。亦不可狭，狭则蔽气。右宜近林，左宜近野，欲引东日而避西阳。夏遇炎烈则荫之，冬逢沍寒则曝之。下沙欲疏，疏则连雨不能淫。上沙欲濡，濡则酷日不能燥。至于插引叶之架，平护根之沙，防蚯蚓之伤，禁蝼蚁之穴，去其莠草，除其细虫，助其新蒐，剪其败叶，此则爱养之法也。其余一切窠虫族类，皆能蠹花，并可除之。所以封植灌溉之法，详载于后卷。

建造的花台若太高就会受到阳光直射，若太低又会被隐蔽的风所侵扰，前面应面向南方，后面则应背向北方，这样可以使得南方气息通透，同时可以遮蔽北方的寒风。地形不必太过空旷，空旷的话则会有过多的阳光；也不宜太过狭小，狭小则会阻碍空气流通。右边宜靠近林木，左边宜靠近草野，以便能引朝阳的同时，也能照到夕阳。夏天酷热时要加以遮蔽提供阴凉，冬天严寒时要多晒晒太阳。下层的沙土最好松散一些，太过紧密会阻碍雨水的渗透。上层的沙土要湿润一些，过于干燥会经受不住日光的暴晒。至于扶持架上的葛藤、保护根部的沙土、防止蚯蚓伤害、使蚂蚁的窝穴不出现，去掉杂草、清除蛛网、促进新芽的生长，修剪枯叶，这些都是养护的方法。其余的各种害虫，都应该被清除。关于封土、栽植和灌溉的方法，会在后面详述。

坚性封植

　　草木之生长，亦犹人焉。何则？人亦天地之物耳。闲居暇日，优游逸豫，饮膳得宜。以兰而言之，具一盆盈满，自非六七载莫能至此。皆由夫爱养之念不替，灌溉之功愈久，故根与土合，性与壤俱然，后森郁雄健，敷畅繁丽。其花叶盖有得于自然而然者。合焉欲分而析之，是裂其根荄，易其沙土。况或灌溉之失时，爱养之乖宜，又何异于人之饥饱！则燥湿干之，邪气来间，入其荣卫，则不免有所侵损。所谓向之寒暑适宜、肥瘦得时者，此岂一朝一夕之所能成也。故必于寒露之后、立冬以前而分之。盖取万物得归根之时，而其叶则苍，根则老故也。或者于此时分一盆昊兰，欲其盆之端正，则不忍击碎，因剔出而根已伤。暨三年培植始能畅茂，予今深以为戒。欲分其兰而须用碎其盆，务在轻手击之，亦须缓缓解析其交互之根，勿致有拔断之失。然后逐薗藂取出积年腐芦头，只存三年者，每三薗作一盆，盆底先用沙填之，即以三薗藂之，互相枕藉，使新薗在外。作三方向，却随其花之好肥瘦沙土从而种之，盆面则以少许瘦沙覆之，以新汲水一勺定其根。

　　草木的生长，就像人的成长一样。为什么呢？因为人也是天地间的生物。在闲暇的日子里，我们应该优雅地游玩，享受愉悦的时光，饮食适当。以兰花为例，一盆满盈的兰花，最少也需要六七年的时间才能生长到这个程度。这是因为爱护兰花的心意长久不替，灌溉的功夫才越来越深入，才能使根与土壤结合，然后长得森密茂盛，叶子繁茂美丽地展开，这些都是自然而然的结果。如果我们要想分株，就得把兰花的根挖开，替换掉原生的沙土。此外，如果不及时灌溉，不用心爱护，这便如同人的饥饿饱食一般！过于干燥或者潮湿，都会导致邪气侵入，使兰花遭受伤害。所以，要在寒露之后立冬之前进行兰花的分株。因为之后万物都回归根本，兰花的叶子会变得苍老，根会变得老化。如果在这时候分一盆吴兰，其根系盘结会导致整盆土像花盆一样端整，就不忍将其打破，而采用剔根的方法又会伤害根部。经过三年的培植，分株变得尤为困难，我现在深深地明白这个道理。要想分开兰花，就必须把像花盆一样端整的盘根打碎，轻手轻脚，缓缓地分离它们的根部，避免把它们弄断。然后，逐一挖出根须，清理多年的腐烂芦头，每三个根须放在一个盆子里，先用沙子填底，再将根须交错放置，使新的根须在外面。最后根据兰花的需求，选择适当的土壤种植它们，还要在盆面上轻覆少许瘦沙，并用一勺新鲜的水浇灌，以稳定住它们的根。

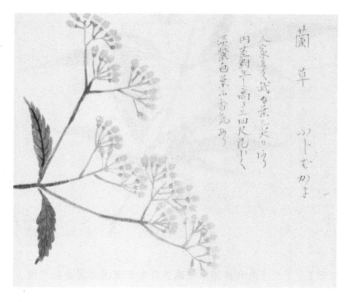

兰草
选自《本草图谱》［日］岩崎灌园　收藏于日本东京国立国会图书馆

198

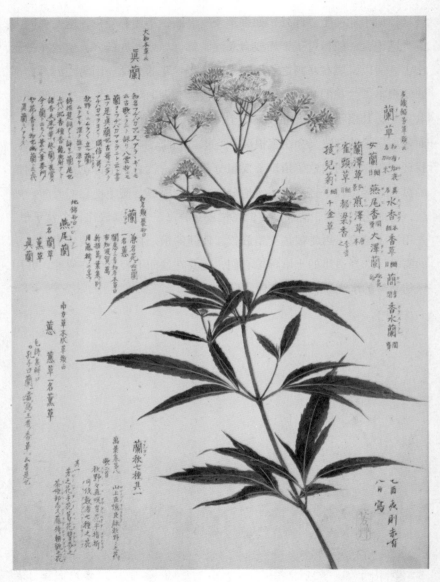

真兰
选自《梅园草木花谱》　[日]毛利梅园　收藏于日本东京国立国会图书馆

更有收沙晒之法，此乃又分兰之至要者。当预于未分前半月取之筛去瓦砾之类。曝令干燥，或欲适肥，则宜淤泥。沙可用，便粪夹和惟晒之，候干或复湿，如此十度，视其极燥，更须筛过随意用。盖沙乃久年流聚虽居冰湿之地，而兰之骤加析失性，须假以阳物助之，则来年蕙箆自长，与旧蕙比肩，此其效也。夫苟不知收晒之宜，用积淹之沙，或惮披曝，必至羸弱而黄叶者亦有之，箆之不发者有之。积有日月，不知体察，其失愈甚。候其已苏，方始易沙涤根，加意调护，易其能复，不亦后乎，抑又知其果能复焉。如其稍可前活，有几何时，而或遂本质邪！故保为奈惜之因并为之言曰："于其既损之后而欲复全生之，宁若于未分之前而必欲全生之，岂不省力？"今逐品所以宜沙土开列于后：

还有收集沙土并晒干的方法，这是分兰过程中最重要的一步。在分兰之前的半个月，应该取土筛除瓦砾等杂质，晒干或适当淤泥以增加肥力。等到沙土可以使用了，便将其与粪便混合后晒干或稍微湿润后再晒干，这样重复十次，直到它完全干燥，然后过筛后就可以随意使用。沙子常年在潮湿阴暗的地方聚集，而兰花经过突然分离会减弱生命力，需要阳性物质来助其生长，那么来年的新芽就可以达到和旧叶相媲美的效果。如果不知道如何正确收集和晒干沙土，而使用了不洁净的沙土，或者没有将其曝晒，必然导致兰花虚弱发黄，甚至不发芽。如果长时间忽视这个问题，就会造成更严重的损失。一旦发现问题，就要立即清理根部并更换新沙，加倍养护，以期它能复苏。不然，等到兰花根部严重受损，要想挽救就要花费更多力气了。因此，我想对那些深爱兰花的人说："何不在分离之前就保护好它呢？这样不是更省力吗？"现在按品种逐一介绍沙土的使用方法，列在后面：

陈梦良，以黄净无泥瘦沙种，而切忌肥，恐有糜烂之失。

陈梦良，要使用黄色干净无杂质的瘦沙进行种植，但切忌使用肥料，以免导致根部腐烂。

吴兰、潘兰，用赤沙泥。

吴兰、潘兰使用赤沙泥。

何兰、青蒲统领、大张、金殿边，各用黄色粗沙和泥，更添紫沙泥种为妙。

何兰、青蒲统领、大张、金殿边，各自使用黄色粗沙和泥，如再能添加紫沙泥更好。

木兰花
选自《梅园草木花谱》 ［日］毛利梅园
收藏于日本东京国立国会图书馆

陈八尉、淳监粮、萧仲和、许景初、何首座、林仲孔、庄观成乃下品，极意用妙。

陈八尉、淳监粮、萧仲和、许景初、何首座、林仲孔、庄观成，都是下品，种植上任意最好。

济老、施花、惠知容、马大同、郑少举、黄八兄、周染，宜沟壑中黑沙泥，和粪壤种之。

济老、施花、惠知容、马大同、郑少举、黄八兄、周染，适合使用沟壑中的黑沙泥与粪土混合进行种植。

李通判、灶山、朱兰、郑伯善、鱼魫，用山下流聚沙泥种。

李通判、灶山、朱兰、郑伯善、鱼魫，可以使用山下流聚的沙泥进行种植。

夕阳红，以下诸品，则任意栽种，此封植之概论。

夕阳红及以下各品种，则可以任意栽种，这是种植的概述。

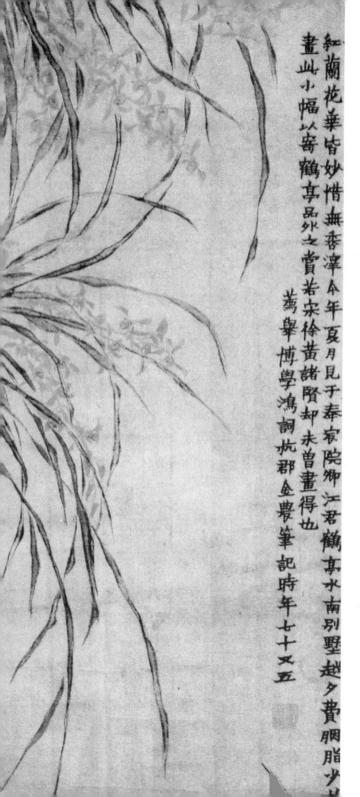

红蘭花葉皆妙惜無香澤本年夏月見于秦家院卿江君鶴亭水南別墅趙夕費胭脂少

畫此小幅以寄鶴亭品外之賞若宋徐黄諸賢卻未曾畫得也

為舉博學鴻詞杭郡金農筆記時年七十又五

《兰花图》
（清）金农　收藏
于南京博物馆

灌溉得宜

夫兰自沙土出者，各有品类，然亦因其土地之宜而生长之，故地有肥瘠，或沙黄土赤而脊，有居山之巅，山之冈，或近水，或附石，各依而产之。要在度其本性何如耳，不可谓其无肥瘦也。苟性不能别，曰"何者当肥，何者当瘦"，强出已见，混而肥之，则好高腴者因得所养之天，花则轻而繁，叶则雄而健。所谓好瘦者，不因肥而腐败，吾未之信也。一阳生于子，荄甲潜萌，我则注而灌溉之，使蕴诸中者稍获强壮。迫夫萌芽进沙，高未及寸许，从便灌之，则截然卓簪。暨南薰之时，长养万物，又从而渍润之，则修然而高，馞然而苍若者，精于感遇者也。秋八月初交，骄阳方炽，根叶失水，欲老而黄。此时当以濯鱼肉水或秽腐水浇之。过时之外，合用之物，随宜浇注使之畅茂，亦以防秋风肃杀之患。故其叶弱，拳拳然抽出至冬而极。夫人分兰之次年不与发花者，盖恐泄其气，则叶不长耳。凡善于养花，切意爱其叶，叶耸则不虑其花之不繁盛也。

从沙土中生长出的兰花，品类各异，这也是根据土地条件长成的。因此土地有肥瘦之分，有居山之巅、山之冈，或近水，或附石，各自依靠自身的条件而生成物产。若要评价土地的特性是怎么样的，就不能不有肥瘦之分。若是特性不能分别，便无法辨别什么是肥什么是瘦，强行出己见，混在一起施肥，则好膏腴者得到滋养之法，花便会盛开繁茂，叶子也会茂盛健旺。所谓好瘦的，也不是因为缺乏肥料而腐败。我不相信这种说法。阳光下生长出草甲，我注视并灌溉它，使它在内部得到逐渐变得强壮的能量。当它的嫩芽伸长出沙土时，只有不到一寸高，我便开始给它浇水，让它茁壮成长。当春天来临时，万物生长，有了春日雨露的滋润，它长成了一片郁郁葱葱的绿色植物，生机勃勃，精神饱满。这是我用心养护它，也精通于它感受的原因。在八月秋季阳光强烈的时候，根和叶会缺失水分，逐渐枯黄。这时，需要用洗鱼肉的水或腐烂污水淋浇。此外，使用合适的肥料来滋养它，使它茁壮成长，也可以防止秋季的寒风杀伤。因此，它的叶子便会拳拳生长，直到冬至依旧长势极盛。至于兰花分盆后第二年不开花，大概是因为害怕泄了自己的元气，所以不长叶子。凡是擅长养花的人，一定记得要爱护它的叶子，只要叶子茁壮，就不用担心花儿无法开放。

欧兰
选自《本草图谱》 ［日］岩崎灌园 收藏于日本东京国立国会图书馆

▪ 紫花

陈梦良极难爱养,稍肥随即腐烂,贵用清水浇灌则佳也。

陈梦良的养护很有难度,稍微施点肥就会很快腐烂,最好用清水浇灌。

潘兰虽未能爱肥,须以茶清沃之,冀得其本地土之性。

潘兰虽然不能受肥,但要用茶水来浇灌,以尽可能保持其本生地土壤的特性。

吴花看来亦好种肥,亦灌溉之,一月一度。

吴花看来也喜肥料,种植时应该灌溉,每个月浇一次。

赵花、何花、大张小张、青蒲统领、金殿边,半月一浇其肥则可焉。

赵花、何花、大张小张、青蒲统领、金殿边这些花,每半个月需要施一次肥。

陈八尉、淳监粮、萧仲和、许景初、何首座、林仲孔、庄观成,纵有大过不及之失,亦无大害于用肥之时,当俟沙土干燥,遇晚方加灌溉,候晓以清水碗许浇之，使肥腻之物，得以下渍其根。使其新来未发之筐，自无勾蔓送上散乱盘盆之患。更能预以瓮缸之物，蓄雨水，积久色绿者，间或进灌之。而其叶则泼然挺秀，濯然争茂，盈台簇槛，列翠罗青，纵无花开，亦见雅洁。

陈八尉、淳监粮、萧仲和、许景初、何首座、林仲孔、庄观成这些花，即使有施肥过多或不足的失误，也不会有大的危害。如果当时土壤很干燥，晚上就要开始灌溉，等到早晨再用清水浇灌，这样肥料就能向下沉积到根部。归拢新生的未发枝芽，自然就避免了勾蔓逆上散乱盘盆的问题。此外，还可以预先储存雨水，将其存放在瓮缸中，积水时间久了，颜色会变绿，偶尔也可以用来灌溉。这些花的叶子高大挺拔，非常茂盛，满台簇栏，翠绿相间，即使没有开花，也显得雅致干净。

兰花
选自《花卉果木》
外销绘本　收藏于
奥地利国家图书馆

▪ 白花

济老、施花、惠知容、马大同、郑少举、黄八兄、周染爱肥，一任灌溉。

济老、施花、惠知容、马大同、郑少举、黄八兄、周染喜肥料，一任浇灌。

李通判、灶山、郑伯善肥。在六之中，四之下。又朱兰亦如之。

李通判、灶山、郑伯易于施肥，在六之中，四之下，朱兰也与其类似。

鱼鮛兰质莹洁，不须过肥，徐以秽腻物汁浇之。

鱼鮛兰的质地明亮，不能用肮脏油腻的东西来浇灌。

夕阳红、云娇、青蒲、观堂主、名弟、弱脚，肥瘦种，亦当观其土之燥，晚则灌注，晓则清水灌之，欲储蓄雨水，令其色绿沃之为妙。

夕阳红、云娇、青蒲、观堂主、名弟、弱脚，无论肥或瘦都需要考虑沙土的干湿情况，晚上灌溉，早上用清水浇灌，还需要储存雨水来浇灌，让它们呈现出绿色才最好。

惠知容等兰，用排沙簸去泥尘，夹粪盖泥种，底用粗沙和粪。

惠知容等兰花，需要用河沙将泥尘清除，夹粪盖泥进行种植，底部使用粗沙和粪便混合最好。

郑少举，用粪盖泥和便晒干种已，上面用红泥覆之。

郑少举，使用粪便覆盖泥土，晒干后种植，再用红泥将其覆盖。

灶山，用粪壤泥及用河沙，内草鞋屑铺四围种之，累试甚佳。大凡用轻松泥皆可。

灶山，用粪壤泥和河沙混合，内部四周铺上草鞋屑后种植，经过多次试验效果非常好。一般来说，使用轻松泥都可以。

济老、施花，用粪泥，用零小便粪浇，泥摊晒，用草鞋屑围种。又灶山用园泥，下有粪，浇湿泥种、四周用草鞋屑，然后种之。

济老和施花，用粪便混合后浇灌，将泥土铺展开晒干，再用草鞋屑包围种植。灶山使用园泥，底部铺上粪便，浇湿泥土，周围用草鞋屑包起来再种植。

兰花
选自《花卉果木》
外销绘本　收藏于
奥地利国家图书馆

跋

余尝身安寂然一榻之中，置事物之冗来纷至之外，度极长。篆香芬馥，怡神默坐，峰月一视，不觉精神自恬然也。种兰之趣，然之否乎？滔斋赵时庚敬为三卷，以俟知音。余于循修岁之暇，窗前植兰数盆，盖别观其生意也。每日一周旋其侧，扰之太息，爱之太勤，非徒悦目，又且悦心怡神。其茅茸，其叶青青，犹绿衣郎挺节独立，可敬可慕。迫夫开也，凝情瀼露，万态千妍，熏风自来，四坐芬郁，岂非真兰室乎！岂非有国香乎！亲朋过访，遗以《兰谱》。予按味再三，尽得爱之养之法，因其谱想其人，又岂非因声扬馥实乎！时已卯岁中和节望日，懒真子李子谨跋。

我曾经安静地躺在床上，将冗杂的琐事置之度外，静静待了一整天。篆香馥郁，神情舒畅，静静久坐，看着峰上的月亮，不知不觉间精神怡然自得。种植兰花的乐趣，不就是这样吗？我恭敬地写成三卷，珍藏起来等待知音。在平静的岁月里，我在窗前种了几盆兰花，想欣赏它们的生长变化。每天我都会围着盆子转一圈，喜欢它们到了害怕惊扰呼吸、无以自拔的程度，不仅仅是因为它们好看，而且还因为它们让人心情愉悦。它们茸茸的白茅，绿油油的叶子，像是身着绿衣的挺拔少年，让人心生敬意，也惹人仰慕。等到它们开花时，香气袭来，千姿百态，清风吹拂，四周都弥漫着芬芳，这才是真正的兰室！这难道不是国香吗！亲朋来访，我把《兰谱》留给他们。我反复品味，掌握了爱护和养护兰花的方法，因为那本谱，不禁想到那个人，岂只是怀念着那些充满阳光和芬芳的日子？这时已是中和节望日，懒真子李子谨特地留下一篇跋文。

兰花
选自《花卉果木》外销绘本
收藏于奥地利国家图书馆

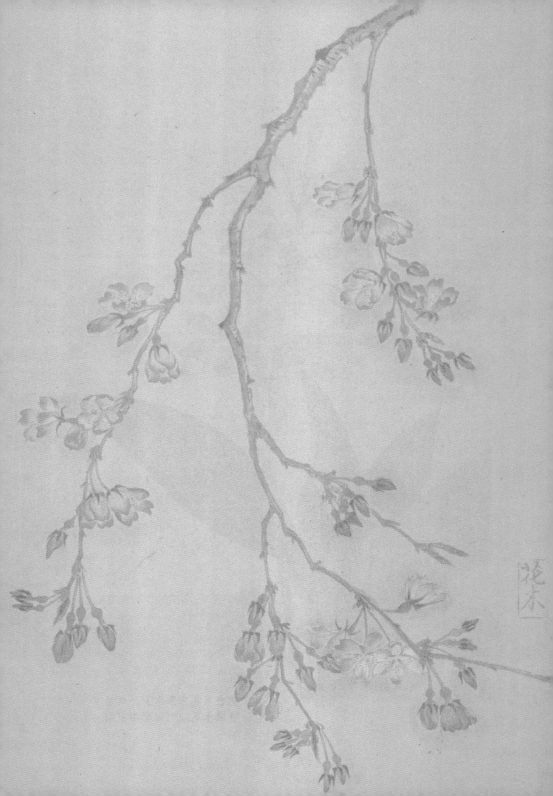

海棠谱

［南宋］　陈思　撰

原序

　　世之花卉种类不一，或以色而艳，或以香而妍，是皆钟天地之秀，为人所钦羡也，梅花占于春前，牡丹殿于春后，骚人墨客特注意焉，独海棠一种，风姿艳质固不在二花下，自杜陵入蜀，绝吟于是花，世因以此薄之，其后都官郑谷已为举似（谷诗，浣花溪上空惆怅，子美无情为发扬）本朝列圣品题云章奎画烜耀千古，此花始得显闻于时盛传于世矣，今采取诸家杂录及汇次唐以来诸人诗句，以为一编目，曰海棠谱，虽纂集未能详尽，聊预众谱之列云，开庆改元长至日叙。

　　世间的花卉种类各不相同，有的因其色彩鲜艳而美丽，有的因其芳香而迷人。它们都是天地间的珍品，受人们所喜爱。梅花在春季之前盛开，而牡丹则在春季之后绽放，这引起了文人墨客的特别关注。然而，海棠作为一种独特的花卉，其风姿和美丽并不逊色于两者。自从杜甫传入蜀地以来，骚人墨客们便对海棠花情有独钟，但世人因为这种花的出现较晚，对它并不十分重视。直到都官郑谷在诗作中赞美海棠——浣花溪上空惆怅，子美无情为发扬，使得海棠的名声才在当时显扬于世，并流传至今。现在，我汇集各家杂录以及从唐朝以来的众多诗人的诗句，编纂成一本名为《海棠谱》的书籍。虽然收录尚不全面，但仍旨在概括众多著名作品，以此纪念开庆改元的长至日。

海棠 ▶
选自《梅园草木花谱》 ［日］毛利梅园
收藏于日本东京国立国会图书馆

海棠

又一種

是ヲ野海棠ト云

増補多識編山果類ニ曰
海紅 和名 カイドウ 今椿ニ加フ異
名 今椿ニ加フ異
名 伊多宇 名 海棠梨

同圣同時帖洗十百六

貞寫

卷上

- **叙事**

蜀花称美者，有海棠焉。然记牒多所不录，盖恐近代有之何者，古今独弃此而取彼耶。尝闻真宗皇帝御制后苑杂花十题，以海棠为首章，赐近臣唱和，则知海棠足与牡丹抗衡，而可独步于西州矣，因搜择前志，惟唐相贾元靖耽著百花谱，以海棠为花中神仙，诚不虚美耳。近世名儒巨贤发于歌咏，清辞丽句往往而得立庆历中为县洪雅春多暇日地富海棠幸得为东道主，惜其繁艳为一隅之滞卉，为作海棠记叙其大槩及编次诸公诗句于右，复率芜拙作五言百韵诗一章，四韵诗一章，附于卷末，好事者幸无诮焉。[沈立海棠记序]

蜀地的花中被誉为美丽者，有海棠。然而记载海棠的文章很少，恐怕是近代以来出现了其他受人欢迎的花卉，使得古代的人们独立弃用了海棠而选择其他花卉。曾听闻真宗皇帝亲自御制了后苑杂花十题，其中以海棠为首，赐予近臣唱和。由此可知，海棠足以与牡丹媲美，并在西州地区独占鳌头。鉴于我搜集前人的志篇，只有唐代的相国元靖公贾耽著有《百花谱》，其中将海棠誉为花中的仙子，实非虚美。近世的名士和贤者们在诗歌歌咏中也不断赞颂海棠，他们清新的辞藻和美丽的诗句常常在历史中占有显赫的地位。在县洪雅春有幸拥有富饶的海棠之地，我借此机会记录海棠的大致特点，并编排了一些名人的诗句于右页，同时也附上了自己创作的五言百韵诗和四韵诗各一章，附在卷末。希望善良的人们不会诋毁我的作品。

棠之称甚众，若诗有蔽芾甘棠，又曰有秋之杜。又尔雅释木曰杜甘棠也［郭璞注今之杜梨］，杜赤棠白者棠。又吕氏春秋果之美者棠实。又俗说有地棠，棠梨，沙棠，味如李，无核，较是数说，俱非谓海棠也。凡今草木以海为名者，酉阳杂俎云，唐赞皇李德裕尝言，花名中之带海者，悉从海外来，故知海棕，海柳，海石榴，海木瓜之类，俱无闻于记述，岂以多而为称耶，又非多也，诚恐近代得之于海外耳。又杜子美海棕行云，欲栽北辰不可得，惟有西域胡僧识，若然，则赞皇之言不诬矣。海棠虽盛称于蜀，而蜀人不甚重，今京师江淮尤竞植之，每一本价不下数十金，胜地名园目为佳致，而出江南者，复称之曰南海棠，大抵相类而花差小，色尤深耳。棠性多类梨，核生者，长迟迟十数年方有花，都下接花工，多以嫩枝附梨而赘之，则易茂矣。种宜垆壤膏沃之地，其根色黄而盘劲，其木坚而多节，其外白而中赤，其枝柔密而修畅，其叶类杜，大者缥绿色，而小者浅紫色。其花红五出，初极红，如胭脂点点然，及开则渐成缬晕，至落则若宿妆淡粉矣。其蒂长寸余，淡紫色，于叶间或三萼至五萼为丛而生。其蕊如金粟，蕊中有须三，如紫丝。其香清酷，不兰不麝。其实状如梨，大若樱桃，至秋熟，可食，其味甘而微酸，兹棠之大槩也。［沈立海棠记］

海棠的名称很多，如诗中所说的"蔽芾甘棠"，又称为"秋之杜"。《尔雅》中解释木曰"杜甘棠"（郭璞注今之杜梨），杜赤棠是白色的棠。《吕氏春秋》中描述果实美丽的称之为"棠实"。俗语中还说有地棠、棠梨、沙棠，味道像李子，无核。这些说法多为俗语，都不是指海棠。现在所有以海为名的植物，按照《酉阳杂俎》的说法，唐代宰相李德裕曾经说过，花名中带有"海"的植物，都是从海外引进的，因此可以得知海棕、海柳、海石榴、海木瓜等，都没有被记述提及过，这并不是因为它们的数量多而被称呼为海棠，而实际上它们也并不多，恐怕只是近代从海外引进的品种。另外，杜甫在《海棕行》中说，"欲栽北辰不可得，惟有西域胡僧识"。如果是这样的话，那么李德裕的说法就是真实的。

虽然海棠在蜀地被广泛称赞，但蜀人并不太重视它，如今京师和江淮地区特别热衷种植海棠，每一本（株）的价格不低于数十金，风景名园被视为佳致之地。而在江南地区，又被称为南海棠，大致相似但花朵较小，颜色尤为深。海棠的性质与梨子多相似，有核的品种需要十几年才会开花。在都城周围，花艺工匠常将嫩枝嫁接到梨树上，这样就容易茂盛起来。种植宜选择土质肥沃的田地，其根部呈黄色，盘曲有力，木质坚硬而多节，外表白色而中间带红，枝条柔软而有弹性，叶子类似杜树，大的叶子呈浅绿色，小的叶子呈浅紫色。花朵呈红色，五瓣，初开时极为红艳，像点点胭脂，开放后逐渐变成淡红晕，到了落下时就像淡粉妆容。花蕾长约一寸，淡紫色，在叶子之间有时会成簇地生长三至五个萼。花蕊像金黄色的小粟粒，花蕊中有三根须，像紫色的丝线。它的香味清新而持久，既不像兰花，也不像麝香。果实的形状像梨子，比樱桃大，到了秋天成熟时可以食用，味道甘甜微酸。以上便是关于海棠的大概描述。

杜子美居蜀累年，吟咏殆遍，海棠奇艳而诗章独不及，何耶。郑谷诗云，浣花溪上空惆怅，子美无情为发扬，是已本朝名士赋海棠甚多，往往皆用此为实事。如石延年云，杜甫句作略，薛能诗未工。钱易诗云，子美无情甚，都官著意频。李定诗云，不沾工部风骚力，犹占勾芒造化权。独王荆公诗用此作梅花诗，最为有意，所谓，少陵为尔牵诗兴，可是无心赋海棠，末句云，多谢许昌传雅什，蜀都曾未识诗人。不道破为尤工也。［韵语阳秋］

杜甫长期居住在蜀地，吟咏无数，海棠虽然美丽，但他的诗篇却不及其奇艳。这是为何呢？郑谷的诗说："浣花溪上空惆怅，子美无情为发扬。"而杜甫却无情地将其发扬光大。这已成为我们这个朝代名士赋诗海棠的常见方式。就像石延年所说，杜甫句作略，薛能诗未工。钱易的诗说：“子美无情甚，都官着意频。”李定的诗说：“不沾工部风骚力，犹占勾芒造化权。”只有王荆公独自运用这首诗来写梅花，表达了深刻的意境。正所谓："少陵为尔牵诗兴，可是无心赋海棠。"最后一句诗说："多谢许昌传雅什，蜀都曾未识诗人。"并非赞叹他的才华超群。

东坡海棠诗曰，只恐夜深花睡去，更烧银烛照红妆。事见太真外传曰，上皇登沈香亭，召太真妃于时卯醉未醒，命力士使侍儿扶掖而至，妃子醉韵残妆，鬓乱钗横，不能再拜，上皇笑曰，岂妃子醉，是海棠睡未足耳。[冷斋夜话]

苏轼的海棠诗曰，只恐夜深花睡去，更烧银烛照红妆。这件事被详细地记录在了《太真外传》中。有一天，李隆基登上沈香亭，召唤杨贵妃前来。当时杨贵妃还未从前一天的酒醉中清醒过来，于是李隆基命令高力士让侍儿扶持她前来。杨贵妃因醉韵未消，妆容凌乱，发髻散乱，无法再次行礼。李隆基笑着说道："妃子并非醉倒，只是海棠花睡眠不足而已。"

东坡谪黄州，居于定惠院之东，杂花满山而独海棠一株，上人不知贵，东坡为作长篇，平生喜为人写人间刻石者自有五六本云，吾平生最得意诗也。[古今诗话]

苏轼被贬谪至黄州，居住在定惠院的东边。山上野花杂生，但只有一株孤独的海棠。当地的居民并不知道它的珍贵，而苏轼却为它写了一篇长篇诗。他一生喜欢写人物事迹于世间，刻在石头上的文字，据说有五六本。而我平生最得意的诗，就是这首关于海棠的诗。

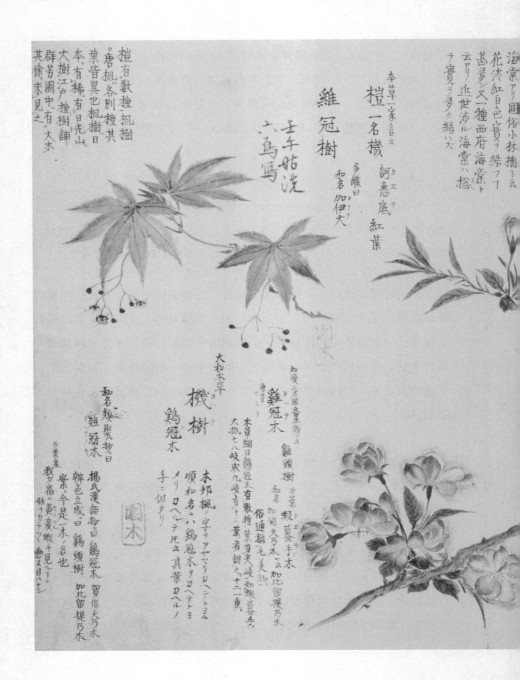

海棠アリ國俗小抹摘ト云
花淡紅白ニ實リ結フ
甚多ク又一種ニ西府海棠ト
云ヒ近世渉ル海棠ハ撚
テ實ヲシヨタク結ハス

本草一家言云
檀一名機　河惠底　紅葉
　　　　　多識曰　カヱテ
　　　　　和名　加伊大

維冠樹
壬午姑洗
六寫

檀有數檀,楓檀
唐楓ニ各別種也
葉皆異也楓其
本ニ有稀ニ日光山
大樹江戸檀樹舖
群芳園中ニ有ニ大本
其徐未見之

大和本草
機樹　カヱテ
鷄冠木

本邦楓ノ字ヲアヤマリロヘヒトヨム
順和名ニ六鷄冠木サロヘヒトヨ
メリロヘルテ比ニ其葉ロヘルノ
手ニ似タリ

和名類聚抄曰
鷄冠休

万葉集
我ヤ宿ニ黄変蝦手見ルニ十二
妹ニ今是ニ木ノ名也
揚氏漢語抄ニ曰鷄冠木
辨色立成ニ曰鷄頭樹
紫ニ加比留堤乃木
蝦手見ルニ十二
或又目ハ十三

和爰ニ方圓音本穀ニ云
雞冠木
鷄頭樹　白葉　蝦蕈手木
和名　加烏天乃木ニ云　比ニ留堤乃木
俗ニ連稱ニ葉ニ有尖,岐,勅擻,菩樹手
大抵七八岐或九岐有十二葉者謂之十二鳥
本草綱目鷄冠木ニ有數種

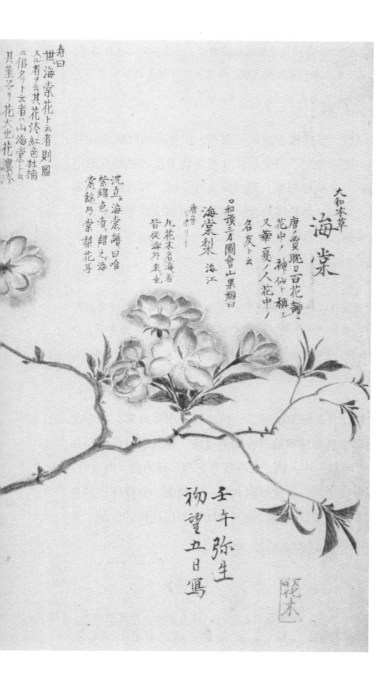

大和本草
海棠

唐ノ賈耽曰百花譜ニ
花中ノ神仙ト稱ニ
又華夏ノ人花中ノ
名友ト云

○和漢三才圖會山果類曰
海棠梨 海江
唐棣也

凡花木名海者
皆從海外來也

沈立ノ海棠譜ニ曰唯
紫錦色音調之海
棠錦乃紫棣花号

寿曰
世ニ海棠花ト云者ハ則圖
入ル者ナル云其花淡紅色杜搗
二倍タリト云者ハ山海棠ト云
其莖ツマリ花大也花濃淡

壬午弥生
初望五日写

花木

海棠
选自《梅园草木
花谱》 [日]
毛利梅园
收藏于日本东京
国立国会图书馆

韩持国虽刚果特立,风节凛然,而情致风流绝出时辈,许昌崔象之侍郎旧第,今为杜君章所有,厅后小亭仅丈余,有海棠两株,持国每花开辄载酒日饮其下,竟谢而去,岁以为常,至今故吏尚能言之。[石林诗话]

韩持国虽然性格刚烈、坚持独立,风节凛然,但他的情致风流却胜过当时的同辈。许昌侍郎崔象之,曾经居住在现在属于杜君章所有的宅第。在厅后的小亭里,只有两株海棠。每当海棠开花时,韩持国就会带上酒,在海棠下畅饮。后来,韩持国离世,岁月依旧如往常那样流逝。至今,老朋友仍然能够谈及这段往事。

少游在黄州,饮于海棠桥,桥南北多海棠。有老书屋海棠丛间,少游醉卧宿于此。明日题其柱曰:唤起一声人悄,衾暖梦寒窗晓。瘴雨过,海棠开,春色又添多少。社瓮酿成微笑,半破瘿瓢共舀。觉健倒,急投床,醉乡广大人间小。东坡爱之,恨不得其腔。当有知之者耳。[冷斋夜话]

在黄州时,秦少游经常去海棠桥喝酒,桥南北有很多海棠。有一次他在一位老书生家的海棠丛中醉酒后就在那里过夜。第二天,他题写在海棠柱上的诗句是:"唤起一声人悄,衾冷梦寒窗晓。瘴雨过,海棠开,春色又增多少。社瓮酿成微笑,半破瘿瓢共舀。觉健倒,急投床,醉乡广大人间小。"东坡非常喜爱这首诗,恨不得能够写出这样的作品。希望能有人能够理解他的心情。

李丹大夫客都下一年无差遣,乃授昌州,议者,以去家远,乃改授鄂州,倅渊材闻之,乃吐饭大步往谒李曰,谁为大夫谋,昌佳郡也,奈何弃之,李洵曰,供给丰乎，曰非也，民讼简乎，曰非也，曰然则何以知其佳，渊材曰海棠无香，昌州海棠独香，非佳郡乎，闻者相传以为笑云。[墨客挥犀]

李丹大夫在都城待客一年没有得到差遣，后来被派往昌州担任议者。由于离家太远，后来改派到鄂州。渊材得知此事后，吃惊地放下手中的食物，快步走去拜访李丹。他问道："谁为大夫谋划，选择昌州这个佳郡，为何要弃之？"李丹吃惊地问："是供给丰富吗？"渊材回答说："不是。"李丹继续问："是民讼简单吗？"渊材又回答说："不是。"于是李丹问："那你怎么知道它是佳郡？"渊材说："海棠无香，只有昌州的海棠香气扑鼻，这难道不是佳郡吗？"听闻此事的人都笑了起来。

前辈作花诗多用美女比其状，如曰，若教解语能倾国，任是无情也动人。陈俗哉山谷作酴醾诗曰，露湿何郎试汤饼，日烘荀令炷炉香，乃用美丈夫比之，若将出类，而吾叔渊材作海棠诗又不然曰，雨过温泉浴妃子，露浓汤饼试何郎，意尤工也。

前辈们在写花的诗歌时常常用美女来比喻其状态，如说："若教解语能倾国，任是无情也动人。"有人以山谷作酿酒的比喻来写酴醾花的诗，如说："露湿何郎试汤饼，日烘荀令炷炉香。"却用美丈夫来比喻，仿佛要出类拔萃。然而，我的叔叔渊材却用海棠花的诗来表达不同的意思，他说："雨过温泉浴妃子，露浓汤饼试何郎。"意境更加出色。

仁宗朝张冕学士赋蜀中海棠诗，沈立取以载海棠记中云，山木瓜开千颗颗，水林檎发一攒攒。注云，大约木瓜，林檎，花初开皆与海棠相类，若冕言则江西人正谓棠梨花耳，惟紫绵色者始谓之海棠，按沈立记言，其花五出，初极红，如胭脂点点然，及开则渐成缬晕，至落则若宿妆淡粉，审此则似木瓜，林檎六花者，非真海棠明矣。晏元献云，已定复摇春水色，似红如白海棠花，然则元献亦与张冕同意耶。

仁宗朝代，学士张冕写了一首关于蜀中海棠的诗，沈立在《载海棠记》中引用了这首诗，其中说："山木瓜开千颗颗，水林檎发一攒攒。"注解中解释说，大约木瓜和林檎的花初开时与海棠相似。而按照张冕的说法，江西人对海棠花的定义是只有紫绵色才能始终被称为海棠。根据沈立的记载，海棠花有五瓣，初开时是极红的，像点点胭脂；开放后逐渐变成淡淡的晕色；最后落下时宛如淡粉的妆容。仔细观察，它似乎更像是木瓜和林檎的花，而不是真正的海棠花。晏元献公说，它已经确定了春水的颜色，像红色或白色的海棠花，那么元献和张冕的意见是否相同呢？

闽中漕宇修贡堂下海棠极盛，三面共二十四丛，长条脩干，顷所未见，每春著花真锦绣段，其间有如紫绵揉色者，亦有不如此者，盖其种类不同，不可一聚论也，至其花落，则皆若宿妆淡粉矣，余三春对此观之，至熟大率富沙多此，官舍人家往往皆种之，并是帝子海棠，正与蜀中者相类斯可贵耳，今江浙间别有一种，柔枝长蒂，颜色浅红，垂英向下如日蔫者，谓之垂丝海棠，全与此不相类盖强名耳。

闽中漕宇修建的贡堂下的海棠盛开，共有二十四丛，长条修长的树干，我很久没有见到过这样的景象。每到春天，它们开出美丽的花朵，其中有紫绵揉色的海棠花，也有不同于此的花朵，因为它们的品种不同，不能一概而论。当花落下时，它们都像是淡粉色的妆容。我几个春天都观察过这个景象，大多数都在富沙地区，官舍和人家都经常种植它们，还有一种叫作帚子海棠，与蜀中的海棠相似，非常珍贵。而今在江浙地区又有一种柔枝长蒂、浅红色、垂下来像枯萎的海棠花，称之为垂丝海棠，与前面的海棠并不相似，可能是强行冠以此名。

吾叙刘渊材曰，平生死无恨，所恨者五事耳，人问其故。渊材欲说敛目不言，久之曰吾论不入时听，恐汝曹轻易之。问者力请。乃答曰，第一恨鲥鱼多骨，二恨金橘太酸，三恨莼菜性冷，四恨海棠无香，五恨曾子固不能诗。闻者大笑。渊材瞠目答曰：诸子果轻易吾论也。

刘渊材告诉人们说，他一生中没有遗憾，只有五件事令他遗憾。有人问他原因，渊材闭上眼睛不说话，过了很久才说："我所说的无法引起当时人的共鸣，恐怕你们会轻易地嘲笑。"问者坚持要知道，渊材才答道："第一件遗憾是鲥鱼有很多刺，第二件是金橘太酸，第三件是莼菜性冷，第四件是海棠没有香味，第五件是曾子（曾参）固然聪明，却无法写诗。"听到这些，众人大笑，渊材睁大眼睛回答说："众子果然轻易嘲笑我的话。"

王介甫梅诗云：少陵为尔牵诗兴，可是无心赋海棠。杜默云：倚风莫怨唐工部，后裔谁知不解诗。曾不若东坡柯丘，海棠长篇冠古绝今，虽不指名老杜，而补亡之意，盖使来世自晓也。[碧溪诗话]

王安石在梅花诗中说："少陵为尔牵诗兴，可是无心赋海棠。"杜默说："倚风莫怨唐工部，后裔谁知不解诗。"杜甫还不如东坡柯丘，长篇的海棠诗曲折动人，虽然没有指名道姓杜甫，但是弥补了杜甫的不足之处，目的是让后人能够理解。

东风袅袅泛崇光，香雾霏霏月转廊，只恐夜深花睡去，更烧银烛照红妆。先生常作大字如掌书，此诗似是晚年笔札与集本不同者，袅袅作渺渺，霏霏作空濛，故墨迹旧藏秦少师伯阳，后归林右司子长，今从墨迹。[吴兴沈氏注东坡诗]

东风袅袅泛崇光，香雾霏霏月转廊，只恐夜深花睡去，更烧银烛照红妆。先生经常以大字书写，但这首诗似乎与他晚年的笔记和集本不同。袅袅作渺渺，霏霏作空濛，所以墨迹风格像旧藏秦少师伯阳，后来归顺了林右司子长，如今模仿他的墨迹。

东坡谪居齐安时，以文章游戏三昧，齐安乐藉中李宜者，色艺不下他妓，他妓因燕席中有得诗曲者，宜以语讷不能有所请，人皆咎之，坡将移临汝于饮饯处，宜哀鸣力请，坡半酣笑谓之曰，东坡居士文名久，何事无言及李宜，恰似西川杜工部，海棠虽好不吟诗。[诗话总龟]

苏轼被谪居到齐安时，沉迷于文章的乐趣。齐安城中有一个善于作乐的叫李宜，他的色艺不亚于其他妓女。有一次，宴席上有人赞赏了宴会上的诗曲，李宜因为说话迟钝而无法向他们请教，人们都责备他。苏东坡准备离开齐安去别处喝酒作别时，李宜悲痛地哀求他。东坡半醒半醉地笑着对他说："东坡居士文名久，何事无言及李宜，恰似西川杜工部，海棠虽好不吟诗。"

蜀潘炕有嬖妾解愁，姓赵氏，其母梦吞海棠花蕊而生，颇有国色，善为新声。
[外史梼杌]

蜀地的潘炕有一位被宠爱的解闷的妾，姓赵，她的母亲梦见吞下海棠花蕊后生下了她，她相貌出众，善于创作新声乐曲。

黎举常云，欲令梅聘海棠，枨子臣樱桃，及以芥嫁笋，但恨时不同，然牡丹、酴醾、杨梅、枇杷尽为执友。[云仙散录]

黎举常说，希望梅花能与海棠结亲，枨子臣服樱桃以及芥菜嫁给笋，可惜时机不合适，但牡丹、酴醾、杨梅和枇杷都成为他的友人。

海棠花欲鲜而盛，于冬至日早，以糟水浇根下。[琐碎录]

海棠花盛开时最鲜艳美丽，通常在冬至这天早上，用糟水来浇灌海棠的根部。

李赞皇花木记，以海为名者悉从海外来，如海棠之类是也。[同前]

李德裕在《花木记》中说，以"海"为名的花木大都是从海外引进的，比如海棠等。

海棠俟花谢结子剪去，来年花盛而无叶。[同前]

海棠花凋谢后结出子实，应剪去，来年花会盛开但没有叶子。

真宗御制后苑杂花十题，以海棠为首，近臣唱和。[琐碎后录]

真宗皇帝御制的后苑杂花有十个题目，其中以海棠为首，近臣们唱和颂扬。

唐相贾耽著百花谱，以海棠为花中神仙。[同前]

唐朝的宰相贾耽著有一本《百花谱》，其中将海棠花称为花中的仙子。

重叶海棠曰花命妇，又云多叶海棠曰花戚里。[牡丹荣辱志]

另外有一种叫作重叶海棠的海棠花被称为花命妇，还有一种叫作多叶海棠的被称为花中的戚里。

每岁冬至前后，正宜移掇窠子，随手使肥水浇以盒过麻屑粪土壅培根柢，使之厚密，才到春暖，则枝叶自然大发著，花亦繁密矣。[长春备用]

每年冬至前后，最适合移植海棠花苗，随手浇水并施以肥料，然后覆盖麻屑和粪土以培养根部，使其浓密。只有到了春暖之时，枝叶才能自然生长，花朵也会繁盛茂密。

许昌薛能海棠诗叙，蜀海棠有闻而诗无闻。[花木录]

许昌的薛能写了一首关于海棠花的诗，而蜀地的海棠花却被人们所不知。

南海棠本性无异，惟枝多屈曲，数数有刺，如杜梨花。亦繁盛开稍早。[同前]

南方的海棠花本质上并无区别，只是枝条多弯曲，有一些刺，有点像杜梨花。开花的时间稍早，也很繁盛。

卷中

▪ **诗上**

海棠

（北宋）宋太宗赵光义

每至春园独有名，天然与染半红深。

芳菲占得歌台地，妖艳谁怜向日临。

莫道无情闲笑脸，任从折戴上冠簪。

偏宜雨后看颜色，几处金杯为尔斟。

海棠

（北宋）宋真宗赵恒

春律行将半，繁枝忽竞芳。

霏霏含宿雾，灼灼艳朝阳。

戏蝶栖轻蕊，游蜂逐远香。

物华留赋咏，非独务雕章。

海棠　选自《梅园草木花谱》　［日］毛利梅园　收藏于日本东京国立国会
图书馆

海棠

（北宋）宋真宗赵恒

翠萼凌晨绽，清香逐处飘。

高低临曲槛，红白间纤条。

润比攒温玉，繁如簇绛绡。

尽堪图画取，名笔在僧繇。

会僚属赏海棠偶有题咏

（南宋）宋光宗赵惇

浓淡名花产蜀乡，半含风露浥新妆。

娇娆不减旧时态，谁与丹青为发扬。

观海棠有成

（南宋）宋光宗赵惇

东风用意施颜色，艳丽偏宜著雨时。

朝咏暮吟看不足，羡他逸蝶宿深枝。

海棠诗并序

（唐）薛能

蜀海棠有闻，而诗无闻。杜工部子美于斯有之矣。得非兴象不出，殁而有怀。何天之厚余获此遗遇，仅不敢让用当其无。因赋五言一章二十句，学陈梁之紫妍，汉魏之朱。不以彼物择其功，不以陈言踵其趣。或其人之适此，有若韩宣子者，风雅尽在蜀矣。吾其庶几又花植于府之古营，因刻贞石以遗吾党。将来君子业诗者，苟未变于道无赋耳。咸通七年十二月二十三日叙。

酷烈复离披，玄功莫我知。

青苔浮落处，暮柳间开时。

醉带游人插，连阴彼叟移。

晨前清露湿，晏后恶风吹。

香少传何计，妍多画半遗。

岛苏连水脉，庭绽杂松枝。

偶泛因沈砚，闲飘欲乱棋。

绕山生玉垒，和郡遍坤维。

负赏惭休饮，牵吟分失饥。

明年应不见，留此赠巴儿。

海棠

（唐）薛能

四海应无蜀海棠，一时开处一城香。

晴来使府低临槛，雨后人家散出墙。

闲地细飘浮净藓，短亭深绽隔垂杨。

从来看尽诗谁苦，不及欢游与画将。

海棠

（唐）郑谷

春风用意匀颜色，销得携觞与赋诗。

浓丽最宜新著雨，娇娆全在欲开时。

莫愁粉黛临窗懒，梁广丹青点笔迟。

朝醉暮吟看不足，羡他蝴蝶宿深枝。

蜀中赏海棠

（唐）郑谷

浓淡方春满蜀乡，半随风雨断莺肠。

浣花溪上空惆怅，子美无情为发扬。

[杜工部旅两蜀诗集中无海棠之题]

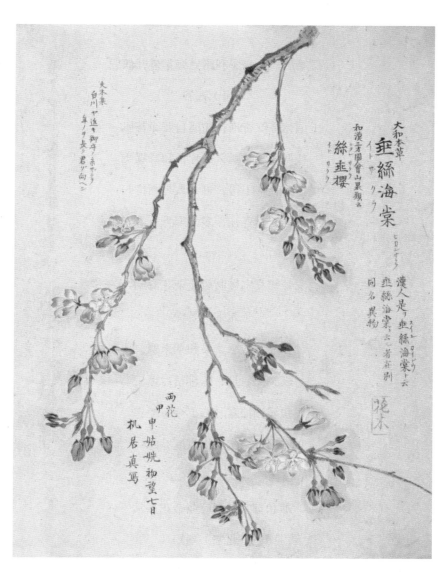

垂丝海棠
选自《梅园草木花谱》 ［日］毛利梅园
收藏于日本东京国立国会图书馆

擢第后入蜀经罗利路见海棠盛开偶题

（唐）郑谷

上国休夸红杏艳，沈溪自照绿苔矶。

一枝低带流莺睡，数片狂和舞蝶飞。

堪恨路长移不得，可无人与画将归。

手中已有新春桂，多谢烟香更入衣。

奉知真宗御制后苑杂花海棠

（北宋）晏殊

太液波才绿，灵和絮未飘。

霞文光启旦，珠琲密封条。

积润涵仙露，浓英夺海绡。

九阳资造化，天意属乔繇。

奉和真宗御制后苑杂花海棠

（北宋）刘筠

迟景烘初绽，鲜风惜未飘。

蝶魂迷密径，莺语近新条。

芳蕙薰宫锦，丹浆晕海绡。

惟时奉宸唱，赓奉愧咎繇。

海棠

（北宋）晏殊

轻盈千结乱樱棗，占得年芳近碧栊。

逐处间匀高下萼，几番分破浅深红。

烟晴始觉香缨绽，日极犹疑蝎蒂融。

数夕朱栏未飘落，再三珍重石尤风。

海棠

（北宋）晏殊

杏霭何惊目，鲜妍欲荡魂。

向人无限思，当昼不胜繁。

浩露晴方浥，游蜂暖更暄。

只应春有意，留赠子山园。

大ヲ肥後奄ガトアリ土民其醋ヲ用工檳榔
葉ハ實モ同クメ甚小也ニ由ヨク當草ニ合ヘリ
外ニ二類ヲ載ル未見之ヲ本書木瓜ノ部ニ載ツ

钱梗海棠
选自《梅园草木花谱》 ［日］毛利梅园 收藏于日本东京国立国会图书馆

海棠

（北宋）晏殊

昔闻游客话芳菲，濯锦江头几万枝。

纵使许昌诗笔健，可能终古绝妍辞。

海棠

（北宋）晏殊

濯锦江头树，移根药砌中。

只应春有意，偏与半妆红。

和枢密侍郎因看海棠忆禁苑此花最盛

（北宋）晏殊

青锁曾留眄，珍蕖宛未移。

幸分霖雨润，犹见艳阳姿。

岸帻来朱槛，攀条忆绛蕤。

能令人爱树，不独召南诗。

和枢密侍郎因看海棠忆禁苑此花最盛

（北宋）郭桢

朱栏明媚照横塘，芳树交加枕短墙。

传得东君深意态，染成西蜀好风光。

破红枝上仍施粉，繁翠阴中旋扑香。

应为无诗怨工部，至今含露作啼妆。

和枢密侍郎因看海棠忆禁苑此花最盛

（北宋）石延年

君看海棠格，群花品讵同。

娇娆情自富，萧散艳非穷。

旧縠斑吴苑，梅罗碎蜀宫。

锦褁杯里影，绣段隙前烘。

心乱香无数，茎柔动满丛。

意分巫峡雨，腰细汉台风。

盛若霞藏日，鲜于血洒空。

高低千点赤，深浅半开红。

妆指朱才布，膏唇檀更融。

色焦无可压，体瘦不成丰。

枝重轻浮外，苞疏密闹中。

难胜蜂不定，易入蝶能通。

蜀地海棠繁媚，有思加腻干丰条，苒弱可爱，北方所未见。诸公作诗流播，西人予素好玩不能自默然。所道皆在前人陈迹，中如国风中章亦无愧云。

（北宋）宋祁

蜀国天余煦，珍葩地所宜。

浓芳不隐叶，并艳欲然枝。

襞影分群萼，均霞点万蕤。

回文锦成后，夹煎燎烘时。

蜂蕊迎街密，莺梢向坐危。

浅深双绝态，啼笑两妍姿。

绛节排烟竦，丹红落带垂。

童容郸畏薄，便面到忧迟。

媚日能徐照，暄风肯遽吹。

惜欢当婉晚，留恨付离披。

丽极都无比，繁多仅自持。

损香饶麝柏，照影欠瑶池。

画要精侔色，歌须巧骋辞。

举樽频语客，细摘玩芳期。

和晏尚书海棠

（北宋）宋祁

媚柯攒仄倚春晖，封植宁同北枳移。

台岭分霞争抱萼，蜀宫裁锦斗缠枝。

不忧轻露蒙时润，正恨炎风猎处危。

把酒凭栏堪并赏，莫容私恨为披离。

海棠

（北宋）宋祁

西域流根远，中都属赏偏。

初无可并色，竟不许胜妍。

薄暝霞烘烂，平明露濯鲜。

长衾绣作地，密帐锦为天。

浅影才欹槛，柯横欲照筵。

愁心随落处，醉眼著繁箧。

的的夸妆靓，番番怿笑嫣。

何尝见兰媚，要是掩樱然。

艳足非他誉，香轻且近传。

所嗟名后出，遗载楚臣篇。

海棠

（北宋）宋祁

万萼霞干照曙空，向来心赏已多同。

未如此日家园乐，数遍繁枝衮衮红。

暮春月内署书阁前海棠花盛开率尔七言八韵寄长卿谏议

（北宋）张洎

去岁海棠花发日，曾将诗句咏芳妍。

今来花发春依旧，君已雄飞玉案前。

骤隔清尘枢要地，独攀红蕊艳阳天。

疏枝高映银台月，嫩叶低含绮阁烟。

花落花开怀胜赏，春来春去感流年。

清辞早缀巴人唱，妙翰犹缄蜀国笺。

共仰壮图方赫耳，自嗟衰鬓转皤然。

因凭莺蝶传消息，莫忘蓬莱有病仙。

海棠

（北宋）程琳

海外移根灼灼奇，风情闲丽比应稀。

晶荧宝尊排珠琲，旖旎芳丛簇绣帷。

繁极只愁随暮雨，飘多何计驻春晖。

浣花溪上年年意，露湿烟霞拂客衣。

海棠

（北宋）李定

青帝行春信自专，精心知向海棠偏。

不霑工部风骚力，犹占勾芒造化权。

倚槛半开红朵密，绕池初应翠枝连。

谁人与拔栽琼苑，看与花王斗后先。

海棠

（北宋）石扬休

化工裁剪用功专，濯锦江头价最偏。

酷爱几思凭画手，难题浑觉挫诗权。

艳凝绛缬深深染，树认红绡密密连。

因想当年武平一，枝枝眷赐侍臣先。

海棠

（北宋）范镇

不知真宰是谁专，生得韶光此树偏。

吟笔偶遗工部意，赋辞今职翰林权。

风翻翠暮晨香入，霞照危墙夕影连。

移植上园如得地，芳名应在紫薇先。

海棠

（北宋）石扬休

开尽妖桃落尽梨，浅荂深萼照华池。

都缘西蜀盘根远，岂是东君属意迟。

烟惨别容曛宿酒，露凝啼脸失胭脂。

须知贾相风流甚，曾许神仙品格奇。

和石扬休海棠

（北宋）李定

轻红如杏素遮梨，直似佳人照碧池。

已是化工教艳绝，莫嫌青帝与开迟。

烟滋绰约明双脸，雨借夭饶入四脂。

西蜀有名须得地，琼林高压百花奇。

和燕龙图海棠

（北宋）杨谔

西汉欺卢橘，东阳爱野棠。

许昌奇此遇，子美欠先扬。

杜宇三春艳，蚕丛一国香。

燕脂点乱雨，生色丽斜阳。

富艳东君节，暄妍白帝方。

锦楼祈水色，玉垒换山光。

风格林檎细，腰支郁李长。

天生笑容质，时样舞衣裳。

少吐深深染，全开淡淡妆。

烟媒护绿蒂，风阵损朱房。

旋失因临水，闲飘弗过墙。

佩亡愁杀甫，簪脱即连姜。

蝶舞菱花照，莺啼罨画堂。

仙如弄玉少，坠似绿珠常。

不见还成悔，相思几欲狂。

春深濯锦水，日晚浣沙方。

卧对移帘枏，吟看近笔床。

池清满园倒，鸟起一枝昂。

紫燕衔泥急，黄蜂趁蜜忙。

化工真用意，销得与携觞。

海棠

（北宋）高惟几

故国庸岷外，孤根楚苑中。

使梅休妒白，仙杏已饶红。

旋恐阳城破，寻忧下蔡空。

几时梦巫峡，独立怨春风。

海棠

（北宋）高觌

锦里花中色最奇，妖娆天赋本来稀。

绮霞忽照迷红障，縠露轻笼设翠帏。

繁朵有情妆媚景，纤枝无力带残晖。

好将绣向罗裙上，永作香闺楚楚衣。

海棠

（北宋）凌景阳

名园封植几经春，露湿烟梢画不真。

多谢许昌传雅什，蜀都曾未识诗人。

海棠

（北宋）张冕

海棠栽植遍尘寰，未必成都欲咏难。

山木瓜开千颗颗，水林檎发一攒攒。

西园海棠

（北宋）范纯仁

丹葩翠叶竞妖浓，蜂蝶翻翻弄暖风。

濯雨正疑宫锦烂，媚晴先夺晓霞红。

芬菲剑外从来胜，欢赏天涯为尔同。

却想乡关足尘土，只应能见画图中。

英韶在前，徒矜下里之曲。风雅未丧，岂系击辕之音。不图缀绮靡之辞，抑将导敦厚之旨耳。海棠虽盛于蜀，人不甚贵。因暇偶成五言百韵，律诗一章，四韵诗一章，附于卷末，知我者无加焉。

（北宋）沈立

岷蜀地千里，海棠花独妍。

万株佳丽国，二月艳阳天。

丛萼匀如布，脩蕤巧似编。

彤云轻点缀，赤玉碎雕镌。

瑟瑟光输莹，猩猩血借鲜。

浅深相向背，疏密递勾牵。

轻蒨重重染，丹砂细细研。

蕊纤金粟拱，须嫩紫丝拳。

红蜡随英滴，明玑著颗穿。

初茎争袅娜，翘干共蹁躚。

绝代知无价，生香不减荃。

分灵应桂苑，钟粹定星躔。

木帝经邦相，花王入室贤。

祥飙加剪拂，卿霭共陶甄。

真宰阴推毂，勾芒与著鞭。

不须忧薄命，好为惜流年。

赞翼施生柄，扶持煦妪权。

主张韶令正，调燮淑威宜。

和气高低洽，芳心次第还。

金钗人十二，珠履客三千。

云雨迷巫峡，风波怨洛川。

姘婷宜住楚，妖冶合居燕。

绣被通宵展，华灯彻曙燃。

横披前槛外，半出假山巅。

暗羡游蜂采，偷输蚁穴沿。

瘦嫌蛛网织，柔怯女萝缠。

蓄恨凭谁讯，无言只自怜。

文君酒垆伴，扬子草堂前。

品格生来别，风流到老全。

繁中生怅望，众里见喧阗。

暄暖精神出，晴明意态便。

关关莺对语，两两燕高骞。

天上宜封殖，人间偶仃延。

共樱围别馆，与杏拥斜阡。

清暖帘争卷，黄昏幕尚褰。

低笼金軃辂，高映画秋千。

忽认梁园妓，深疑阆苑仙。

匆匆来蕙圃，远远别芝田。

羞隐暝蒙雾，轻如淡荡烟。

乍逢开羽扇，初喜下云輧。

仿佛向星靥，依稀带翠钿。

五铢衣宛转，七宝帐翩翾。

独立挨霓节，成行列彩斿。

困宜攲虎枕，步好衬金莲。

舞定休回袖，妆浓不傅铅。

盖张松郁郁，茵藉草芊芊。

馥郁兰供梦，扶疏柳共眠。

躯轻弥绰约，腰细更便娟。

娅姹常颙若，幽柔自洒然。

侍儿罗白芷，婢子列芳荃。

口口浓檀注，腮腮薄粉填。

解围施叶幄，买笑有榆钱。

252

旖旎环瑶席，婆娑匝玳筵。

娇依屏曲曲，泣对露涓涓。

南陌轻埃蔽，东郊夕照连。

几时休缥缈，从此识婵娟。

是处遗簪珥，谁家不管弦。

妒姬贪恐失，戏稚惜何颠。

折闪搔头褪，擎扮约腕揎。

戴遮鬟上凤，装压鬓边蝉。

汲引新欢聚，消磨宿忿蠲。

纵观须倒载，命宴必加笾。

翻曲教歌媛，更词送酒船。

乡心须暂解，病眼当时痊。

迢递来油壁，从容住锦鞯。

雅宜交让比，秾兴棣华联。

不愤参朱槿，宁甘混木绵。

酴醿潜失色，踯躅敢差肩。

素柰思投迹，夭桃耻备员。

梧桐愧金井，芍药滥花砖。

并压辛夷俗，潜排宝马鸢。

天恩无久恃，人宠莫长专。

布影交三径，敷荣遍一廛。

凝眸方眹眹，回首旋翩翩。

可忍惊飙挫，胡烦急景煎。

珊瑚随手碎，绛雪绕枝旋。

拂汉霞初散，当楼月自圆。

飘零随蠛蠓，散乱逐潆涟。

灼灼龟城外，亭亭锦水边。

抱愁应惨戚，有泪即潺湲。

午影迷蝴蝶，朝寒怨杜鹃。

物情元倚伏，人意莫拘挛。

擢秀高群木，称珍极八埏。

未开独脉脉，忧落固悁悁。

别著新文纪，重寻旧谱笺。

共知红艳好，谁辨赤心坚。

实事陪朱李，根宜灌醴泉。

栽须邻竹柏，树莫绕乌鸢。

耻托膏腴茂，当随富贵迁。

为多犹底滞，因远尚迍邅。

客思易成乱，心期未省愆。

画思摩诘笔，吟称薛涛笺。

醉目休频送，诗情岂易缘。

薛能夸丽句，郑谷赏佳篇。

止感芳姿美，那怜托地偏。

山经犹罕记，方志未多传。

巧咏忧才竭，冥搜得意滇。

遐陬寡真赏，僻境忍轻捐。

抽秘惭非据，探奇敢让先。

援毫叙名卉，聊用放怀焉。

占断香与色，蜀花徒自开。

园林无即俗，蜂蝶落仍来。

青帝若为意，东风无限才。

古今吟不尽，百韵愧空裁。

卷下

- ## 诗下

商山海棠

（北宋）王元之

锦里名虽盛，商山艳更繁。

别疑天与态，不称土生根。

浅著红兰染，深于降雪喷。

待开先让酒，怕落预呼魂。

香里无勍敌，花中是至尊。

桂须辞月窟，桃合避仙源。

浮动冠频侧，霓裳袖忽翻。

望夫临水石，窥客出墙垣。

赠别难饶柳，忘忧肯让萱。

轻轻飞燕舞，脉脉息妩言。

蕙陌虚侵迳，梨凡浪占园。

论心留蝶宿，低面厌莺喧。

不忝神仙品，何辜造化恩。

自期栽御苑，谁使掷山村。

绮季荒祠畔，仙娥古洞门。

烟愁思旧梦，雨泣怨新婚。

画恐明妃恨，移同卓氏奔。

秖教三月见，不得四时存。

绣被堆笼势，燕脂浥泪痕。

贰车春未去，应得伴芳樽。

别堂后海棠

（北宋）王元之

一堆红雪媚青春，惜别须教泪满巾。

好在明年莫憔悴，校书兼是爱花人。

[此花余去后是推官王校书移入]

题钱塘县罗江东手植海棠

（北宋）王元之

江东遗迹在钱塘，手植庭花满县香。

若使当年居显位，海棠今日是甘棠。

寓居定慧院之东，杂花满山，有海棠一株，土人不知贵也。

（北宋）苏轼

江城地瘴蕃草木，只有名花苦幽独。

嫣然一笑竹篱间，桃李漫山总麄俗。

也知造物有深意，故遣佳人在空谷。

自然富贵出天姿，不待金盘荐华屋。

朱唇得酒晕生脸，翠袖卷纱红映肉。

林深雾暗晓光迟，日暖风轻春睡足。

雨中有泪亦凄怆，月下无人更清淑。

先生食饱无一事，散步逍遥自扪腹。

不问人家与僧舍，柱杖敲门看脩竹。

忽逢绝艳照衰朽，叹息无言揩病目。

陋邦何处得此花，无乃好事移西蜀。

寸根千里不易到，衔子飞来定鸿鹄。

天涯流落俱可念，为饮一樽歌此曲。

明朝酒醒还独来，雪落纷纷那忍触。

海棠

（北宋）苏轼

东风袅袅泛崇光，香雾霏霏月转廊。

只恐夜深花睡去，高烧银烛照红妆。

游海棠西山示赵彦成

（北宋）邵雍

东风吹雨过溪门，白白朱朱乱远村。

滩石已无回棹势，岸枫犹出系船痕。

时危不厌江山僻，客好惟知笑语温。

莫上南岗看春色，海棠花下却销魂。

海棠

（北宋）韩维

濯锦江头千万枝，当来未解惜芳菲。

而今得向君家见，不怕春寒雨湿衣。

在禁林时有怀荆南旧游

（北宋）元绛

去年曾醉海棠丛，闻说新枝发旧红。

昨夜梦回花下饮，不知身在玉堂中。

海棠

（北宋）释德洪

酒入香腮笑不知，小妆初罢醉儿痴。

一株柳外墙头见，却胜千丛著雨时。

海棠

（北宋）崔鶠

浑是华清出浴初，碧绡斜掩见红肤。

便教桃李能言语，要比娇妍比得无。

海棠 [并序]

（北宋）梅尧臣

道损司门前日过访别，且云计程二月，到郡正看
暗恶海棠，颇见太守风味，因为诗以送行。

蜀州海棠胜两川，使君欲赏意已猛。

春露洗开千万株，燕脂点素攒细梗。

朝看不足夜秉烛，何暇更寻桃与杏。

青泥剑栈将度时，跨马莫辞霜气冷。

海棠

（北宋）梅尧臣

江燕入朱阁，海棠繁锦条。

醉生燕玉颊，瘦聚楚宫腰。

曾不分香去，尤宜著意描。

谁能共吹笛，树下想前朝。

[予尝于宋宣献宅见图画，明皇于海棠花下
卧吹觽篥，宁王吹笛，黄幡绰拍。]

海棠

（北宋）梅尧臣

要识吴同蜀，须看线海棠。

燕脂色欲滴，紫蜡带何长。

夜雨偏宜著，春风一任狂。

当时杜子美，吟遍独相忘。

海棠

（北宋）王安石

绿娇隐约眉轻扫，红嫩妖娆脸薄妆。

巧笔写传功未尽，清才吟咏兴何长。

移岳州去房陵道中见海棠

（北宋）张舜民

马息山头见海棠，群仙会处锦屏张。

天寒日晚行人绝，自落自开还自香。

和何靖山人海棠

（北宋）文同

为爱香苞照地红，倚栏终日对芳丛。

夜深忽忆南枝好，把酒更来明月中。

晁二家有海棠，去岁花开，晁二呼杜卿家小娃歌舞，花下痛饮。今春花开复欲招客，而杜已出守，戏以诗调之。

（北宋）张耒

颇疑蜂蝶过邻家，知是东墙去岁花。

骏马无因迎小妾，鸱夷何用强随车。

雨中对酒庭下海棠经雨不谢

（北宋）陈恕

巴陵二月客添衣，草草杯盘恨醉迟。

燕子不禁连夜雨，海棠犹待老人诗。

天翻地覆伤春色，幽豁头童祝圣时。

白竹篱前湖海阔，茫茫身世两堪悲。

陪粹翁举酒于君子亭，亭下海棠方开

（北宋）陈恕

世故驱人殊未央，即从地主借绳床。

春风浩浩吹游子，暮雨霏霏湿海棠。

古国衣冠无态度，隔帘花叶有辉光。

使君礼数能宽否，酒味撩人我欲狂。

和冬曦海棠

（南宋）程振

花中名品异，人重比甘棠。

苞嫩相思密，红深琥珀光。

好风传馥郁，凡卉愧芬芳。

烂漫云成瑞，葳蕤女有嫱。

生来先蜀国，开处始朝阳。

赏即笙歌地，题称翰墨埸。

烟霞容易散，蜂蝶等闲忙。

谁是多情侣，栏边重举觞。

今朝秋气萧瑟，不意海棠再开，因书二绝，期好事者和。

（南宋）程振

曾逐狂飙取意飞，一时春色便依稀。

旧丛还有香心在，却被西风管领归。

露湿燕脂泪脸寒，独将幽恨倚栏干。

精神不比篱边菊，莫把寻常醉眼看。

雨中海棠

（南宋）程振

玉脆红轻不耐寒，无端风雨苦相干。

晓来试卷珠帘看，薇薇飞香满画栏。

惜海棠开晚

（南宋）程振

今年春色可胜嗟，二月山中未见花。

长忆去年今夜月，海棠花影到窗纱。

海棠

（北宋）僧如壁

卖花檐上争桃李，顿使春工不直钱。

莫怪海棠不受折，要令云鬓绝尘缘。

江左谓海棠为川红

（北宋）吴中复

靓妆浓淡蕊蒙茸，高下池台细细风。

却恨韶华偏蜀土，更无颜色似川红。

寻香只恐三春暮，把酒欣逢一笑同。

子美诗才犹阁笔，至今寂寞锦城中。

海棠

（南宋）刘子翚

幽姿淑态弄春晴，梅借风流柳借轻。

种处静宜临野水，开时长是近清明。

几经夜雨香犹在，染尽燕脂画不成。

诗老无心为题佛，至今惆怅似含情。

海棠

（唐）郭震

又随桃李一时荣，不逐东风处处生。

疑是四方嫌不种，教于蜀地独垂名。

海棠

（南宋）陈思

西蜀传芳日，东君著意时。

鲜葩猩荐血，紫萼蜡融脂。

降阙疑流落，琼栏合护持。

无诗任工部，今有省郎知。

和东坡海棠

（南宋）赵次公

露气熹微带晓光，枝边灿焕映回廊。

细看素脸元无玉，初点燕脂驻靓妆。

和东坡定惠院海棠

（南宋）赵次公

化工妙手开群木，酷向海棠私意独。

殊姿艳艳杂花里，端觉神仙在流俗。

睡起燕脂懒未匀，天然腻理还丰肉。

繁华增丽态度远，婀娜含娇风韵足。

岂唯婉娈形管姝，真同窈窕关雎淑。

未能奔往白玉楼，要当贮以黄金屋。

顾虽风暖欲黄昏，脉脉难禁倚脩竹。

可怜俗眼不知贵，空把容光照山谷。

此花本出西南地，李杜无诗恨遗蜀。

高才没世孰雕龙，后辈补亡难刻鹄。

貂裘季子客齐安，相逢忽慰羁人目。

当年甫白君可继，为花重赋阳春曲。

把酒因浇礧魂胃，搜句辄倾空洞腹。

多情恐作深云收，儿童莫信来轻触。

海棠

（南宋）吴芾

海棠元自有天香，底事时人故谤伤。

不信请来花下坐，恼人鼻观不寻常。

和泽民求海棠

（南宋）吴芾

君是诗中老作家，笑将丽句换名花。

花因诗去情非浅，诗为花来语更嘉。

须好栽培承雨露，莫令憔悴困尘沙。

他年烂漫如西蜀，我欲从君看绮霞。

见市上有卖海棠者怅然有感

（南宋）吴芾

连年踪迹滞江乡，长忆吾庐万海棠。

想得春来增绝丽，无因归去赏芬芳。

偶然檐上逢人卖，犹记樽前为尔狂。

何日故园修旧好，剩烧银烛照红妆。

和陈子良海棠四首

（南宋）吴芾

一

春来人物尽熙熙，红紫无情亦满枝。

正引衰翁诗思动，举头那更得君诗。

二

花开春色丽晴空，恼我狂来只绕丛。

试问妖娆谁与比，一株胜却万株红。

三

雨后花头顿觉肥，细看还是旧风姿。

坐余自有香芬馥，不许凡人取次知。

四

十年栽种满园花，无似兹花艳丽多。

已是谱中推第一，不须还更问如何。

寄朝宗

（南宋）吴芾

海棠已试十分妆，细看妖娆更异常。

不得与君同胜赏，空烧银烛照红妆。

所思亭海棠初开折赠两使者

（南宋）张栻

未须比拟红深浅，更莫平章香有无。

过雨夕阳楼上看，千花容有此肤腴。

东风著物本无私，红入花梢特地奇。

想得霜台春思满，一枝聊遣博新诗。

黄海棠

（南宋）洪适

汉宫娇半额，雅淡称花仙。

天与温柔态，妆成取次妍。

垂丝海棠

（南宋）洪适

脉脉似崔徽，朝朝长看地。

谁能解倒悬，扶起云鬟坠。

次韵陆务观海棠

（南宋）程大昌

唤回残睡强矜持，浅破朱唇倚笛吹。

千古妖妍磨不尽，长随春色上花枝。

题苦竹寺海棠洞

（北宋）王之道

翠袖朱唇一笑开，倚风无力竞相偎。

阳城岂是僧家物，端恐齐奴步障来。

海棠

（南宋）陆游

谁道名花独故宫，东城盛丽足争雄。

横陈锦幛阑干外，尽吸红云酒盏中。

贪看不辞持夜烛，倚狂直欲擅春风。

拾遗旧咏悲零落，瘦损腰围拟未工。

十里迢迢望碧鸡，一城晴雨不曾齐。

今朝未得平安报，便恐飞红已作泥。

蜀地名花擅古今，一枝气可压千林。

讥弹更到无香处，常恨人言太刻深。

张园观海棠

（南宋）陆游

朝阳照城楼，春容极明媚。

走马蜀锦园，名花动人意。

严妆汉宫晓，一笑初破睡。

定知夜晏欢，酒入妖骨醉。

低鬟羞不语，困眼娇欲闭。

虽艳无俗姿，太息真富贵。

结束吾方归，此别知几岁。

黄昏廉纤雨，千点裛红泪。

夜宴赏海棠醉书

（南宋）陆游

便便痴腹本来宽，不是天涯强作欢。

燕子归来新社雨，海棠开后却春寒。

醉夸落纸诗千首，歌费缠头锦百端。

深院不闻传夜漏，忽惊蜡泪已堆盘。

病中久止酒有怀成都海棠之盛

（南宋）陆游

碧鸡坊里海棠时，弥月兼旬醉不知。

马上难寻前梦境，樽前谁记旧歌辞。

目穷落日横千嶂，肠断春光把一枝。

说与故人应不信，茶烟禅榻鬓成丝。

春晴怀故园海棠

（南宋）杨万里

故园今日海棠开，梦入江西锦绣堆。

万物皆春人独老，一年过社燕方回。

似青如白天浓淡，欲坠还飞絮往来。

无那风光邀不得，遣诗招入翠琼杯。

张子仪太守折送秋日海棠

（南宋）杨万里

新样西风较劣些，重阳还放海棠花。

春红更把秋霜洗，且道精神佳不佳。

木蕖篱菊总无光，秋色今年付海棠。

为底夜深花不睡，翠纱袖上月如霜。

《万有同春图》
（清）钱维城　收藏于美国波士顿美术馆